Scratch 3.0
少儿人工智能
编程指南

艾达 著

北京大学出版社
PEKING UNIVERSITY PRESS

内 容 提 要

本书第1章介绍Scratch，以及它能够实现的内容；然后引出第2章Scratch 3.0的界面知识与操作方法，介绍Scratch 3.0的一些基本操作；接着在第3~6章以案例形式介绍了Scratch 3.0在动画制作、游戏设计、数学编程、硬件编程4个方面的实现方法和步骤；第7章介绍Scratch官方社区的相关内容。

本书适合小学到高中阶段初次接触编程的少年儿童学习，既可以作为他们自学编程的入门教材，也可以作为一般培训机构的少儿编程入门教材。读者可以从Scratch图形化编程入手，首先了解计算机编程的一些基本概念，以便后续学习与理解高级编程语言。

图书在版编目(CIP)数据

Scratch 3.0少儿人工智能编程指南 / 艾达著. —北京：北京大学出版社，2019.11
ISBN 978-7-301-30808-0

Ⅰ.①S… Ⅱ.①艾… Ⅲ.①程序设计－少儿读物 Ⅳ.①TP311.1-49

中国版本图书馆CIP数据核字(2019)第215969号

书　　　　名	Scratch 3.0少儿人工智能编程指南
	SCRATCH 3.0 SHAOER RENGONG ZHINENG BIANCHENG ZHINAN
著作责任者	艾　达 著
责 任 编 辑	吴晓月　刘沈君
标 准 书 号	ISBN 978-7-301-30808-0
出 版 发 行	北京大学出版社
地　　　　址	北京市海淀区成府路205 号　100871
网　　　　址	http://www.pup.cn　　　新浪微博:@ 北京大学出版社
电 子 信 箱	pup7@ pup.cn
电　　　　话	邮购部 010-62752015　发行部 010-62750672　编辑部 010-62570390
印 刷 者	北京宏伟双华印刷有限公司
经 销 者	新华书店
	787毫米×1092毫米　16开本　9.5印张　179千字
	2019年11月第1版　2019年11月第1次印刷
印　　　　数	4000册
定　　　　价	39.00 元

前言

　　少儿编程是一个新兴的领域，主要是面向 K12 教育（学前教育至高中教育）的青少年儿童。2017 年 7 月，国务院发布了《新一代人工智能发展规划》，提出要完善人工智能教育体系，在中小学阶段设置人工智能相关课程，逐步推广编程教育。人工智能时代即将来临，国家已经意识到青少年儿童学习编程的重要性，并且发出了明确的政策指示，编程要从娃娃抓起。

　　本书采用麻省理工学院（MIT）设计开发的少儿编程工具——Scratch 3.0 离线版作为教学软件，为读者介绍了 Scratch 3.0 的界面知识与操作方法，然后用案例的形式介绍了 Scratch 3.0 在动画制作、游戏设计、数学编程、硬件编程 4 个方面的实现方法和步骤，并在案例中融合了 Scratch 3.0 编程积木的具体知识。希望读者学习本书后可以了解整个 Scratch 3.0 的功能，能够对少儿图形化编程有一个初步认识，为进一步学习 Python、C++ 等高级编程语言打下良好的基础。

目录
CONTENTS

第1章

一起进入Scratch的世界

学习任何新知识，一般都要带着问题去学习，这样学习效率才会更高。因此，在学习 Scratch 之前，首先提出如图 1-1 所示的 3 个问题。

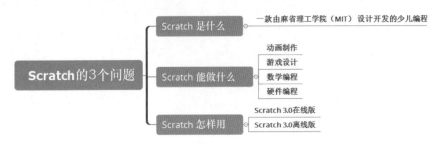

图 1-1　提出学习 Scratch 的 3 个问题

学习 Scratch 的过程就是在解答这 3 个问题，如果这些问题都能回答了，就说明已经掌握了 Scratch。

1.1　Scratch 是什么

Scratch 是一款由麻省理工学院（MIT）设计开发的少儿编程工具，Scratch 构成程序的命令和参数是通过积木形状的模块来实现的，用鼠标拖动模块到程序编辑栏即可，操作简单、容易上手，是目前应用最广泛的少儿编程工具。

编程是指人们告诉计算机需要它做什么。如果一个人告诉另一个人需要他做什么，就要通过语言表述的方式，对方接收到的是"语言"指令；如果人们要告诉计算机需要它做什么，就需要通过编程语言来告诉计算机，计算机接收指令是通过"编程语言"，如图 1-2 所示。计算机指令的编程语言又称为程序代码，或者简称为代码。

人接受指令是通过"语言"　　　计算机接受指令是通过"编程语言"

图 1-2　人类语言与计算机语言

1.2 Scratch 能做什么

　　Scratch 可以制作动画片，在动画片制作中包含音乐制作、动画设计等内容，也可以进行游戏设计，如单机版的小游戏及设置游戏关卡，还可以通过编程来解决数学问题，如根据数学问题写一个程序，能大大简化数学计算工作量。此外，Scratch 还有一些扩展功能，可以对接硬件模块，通过软件编程控制实体硬件模块的动作行为，如图 1-3 所示。

动画制作

游戏设计

数学编程

硬件编程

图 1-3　Scratch 3.0 编程的用途

1.3 Scratch 怎样用

　　学习 Scratch 就是要了解它怎样用，本书所有章节都是围绕着"Scratch 怎样用"来阐述的。

　　最新的 Scratch 3.0 版本已经在 Scratch 官网（https://scratch.mit.edu/）上发布，提供了 Scratch 3.0 的在线版和离线版。在官网首页上单击"开始创作"按钮，可以直接进入 Scratch 3.0 在线版本，如图 1-4 所示。Scratch 3.0 在线版允许直接在 Web 浏览器中创建、编辑和查看项目，不再需要上传、下载项目或安装其他软件。进入 Scratch 3.0 在线版页面，会看到"观看视频"按钮，初学者可以通过在线观看视频学会 Scratch 的一些基本操作，如图 1-5 所示。本书在第 7 章将详细介绍官方社区的相关知识。

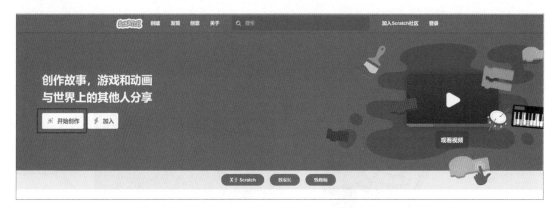

图 1-4　首页进入 Scratch 3.0 在线版

图 1-5　Scratch 3.0 在线版界面

Scratch 3.0 离线版（https://scratch.mit.edu/download）可以下载安装到计算机上，主要是为了在计算机无法连接 Internet 网络时使用，如图 1-6 所示，可以根据计算机系统的不同版本（Windows 系统或 macOS 系统）选择对应的离线安装文件进行安装，其界面如图 1-7 所示。

图 1-6　Scratch 3.0 离线版下载地址

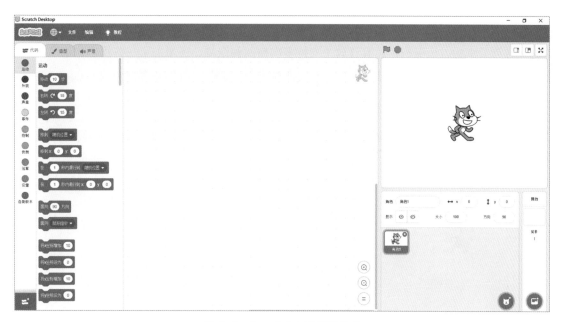

图 1-7　Scratch 3.0 离线版界面

在线版和离线版在功能上类似，主要差别在于：在线版的右上角菜单栏可提供创建 Scratch 社区账号及登录社区账号功能，便于在社区内分享作品，如图 1-8 所示；离线版目前还不支持该功能，当前情况下，用户可以在 Scratch 桌面软件中把项目保存下来，再上传到 Scratch 账号中，然后在网站中进行分享，后续的更新版本会增加直接上传到 Scratch 账号的功能。

图 1-8　Scratch 3.0 在线版创建 Scratch 账号社区及登录功能

Scratch 2.0 离线版界面如图 1-9 所示，Scratch 3.0 与其相比，编辑器的外形看起来更加柔美，布局也进行了重构，拖曳积木还有音效，支持多次撤回和恢复，还增加了一些积木，如字符串包含判断、移至最下层等。Scratch 3.0 保存的文件格式为"sb3"，但仍然可以读取 Scratch 2.0 保存的"sb"和"sb2"格式文件。

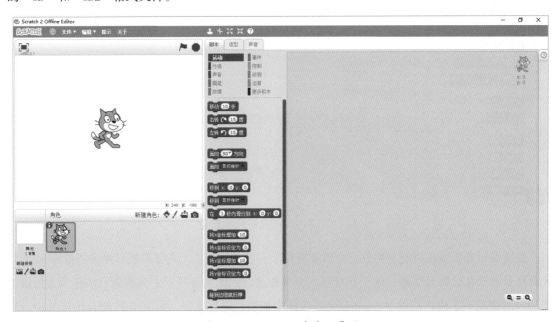

图 1-9　Scratch 2.0 离线版界面

1.4　本章小结

本章主要介绍了 Scratch 是什么、能做什么及怎样用，如图 1-10 所示。Scratch 是麻省理工学院开发的一款少儿编程工具，具有动画制作、游戏设计、数学编程和结合硬件等功能，目前有在线版和离线版两种，后面将根据 Scratch 3.0 离线版来介绍 Scratch 如何使用。

图 1-10　提出学习 Scratch 的 3 个问题

第2章

认识 Scratch 3.0 界面

本案例采用全新的 Scratch 3.0 离线版，在官网下载 Scratch 3.0 离线版安装程序，双击程序图标，即可启动自动安装。安装完成，计算机桌面上显示如图 2-1 所示的图标，双击该图标即可打开 Scratch 3.0 离线版界面。

Scratch
Desktop Setup
1.2.0

图 2-1　Scratch 3.0 程序图标

Scratch 3.0 离线版界面分为七大区域：菜单栏、舞台区、角色区、代码区、背景区、造型区、声音区，如图 2-2 所示。

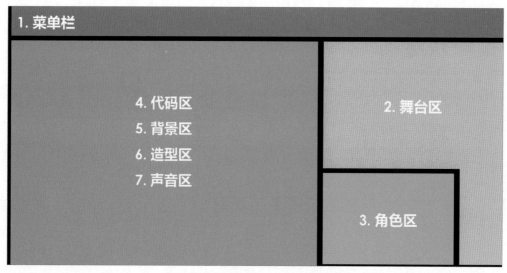

图 2-2　Scratch 3.0 界面七大区域划分

固定显示区域：菜单栏、舞台区、角色区

固定显示区域是指一打开软件就能在页面显示的区域，如菜单栏、舞台区、角色区，如图 2-3 所示。接下来具体介绍它们的界面功能。

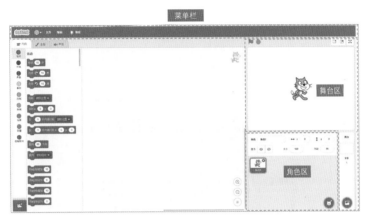

图 2-3　固定显示区域：菜单栏、舞台区、角色区

2.1.1 菜单栏

菜单栏是最上面的一个蓝色区域，如图 2-4 所示。下面介绍它的各个功能按键。

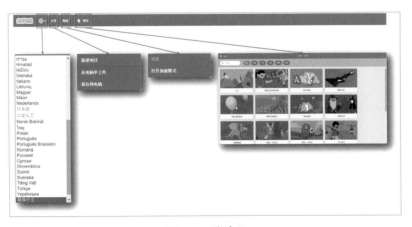

图 2-4　菜单栏

①单击  按钮，在弹出的下拉菜单中可以选择界面文字语言，选择"简体中文"选项，就可以将界面语言更改为中文。

②单击"文件"按钮，可以新建一个 Scratch 3.0 项目，或者从计算机中上传一个已存档的 Scratch 3.0 或 Scratch 2.0 文件，也可以将当前界面的 Scratch 3.0 代码保存到计算机中。

③单击"编辑"按钮，选择"恢复"选项，可恢复上一步编辑的内容，或者选择"打开加速模式"选项，在舞台区上方会显示 ⚡加速模式 字样。

④单击"教程"按钮，可以看到 Scratch 3.0 自带的所有学习教程视频，包括动画、艺术、音乐、游戏、故事 5 个类别。

2.1.2 舞台区

舞台区是一个当前角色、背景的展示和代码调试窗口，舞台中央默认为一个 Scratch 小猫的角色和白色的舞台背景，如图 2-5 所示。

图 2-5 舞台区

1. 创建新舞台背景

系统默认的背景是一个白色背景图片，可以单击舞台区右下角 📷 按钮创建一个新的舞台背景。创建舞台背景有以下 4 种方式，如图 2-6 所示。

（1）上传一个背景：在本地电脑上上传一个图片作为背景，如图 2-7 所示。

（2）随机选择背景：在 Scratch 背景库系统随机选择一个图片作为背景。

（3）绘制一个背景：在 Scratch 背景区绘制一个背景图片，如图 2-8 所示，后面章节会详细介绍。

（4）选择一个背景：在 Scratch 背景库选择一个图片作为背景，如图 2-9 所示。

图 2-6　舞台区创建新背景

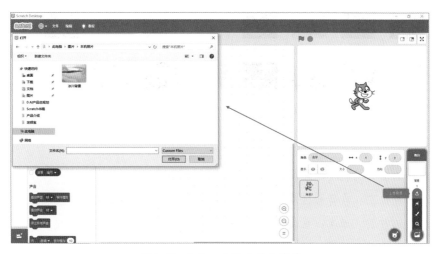

图 2-7　上传一个图片作为背景

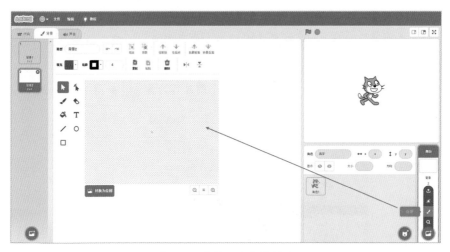

图 2-8　绘制一个背景图片

图 2-9　选择一个图片作为背景

2. 调试舞台

下面通过舞台区的功能按键来调试舞台，如图 2-10 所示。

（1）调试角色位置：在舞台区单击小猫角色图片，可以随意拖曳小猫角色所在的位置。

（2）切换舞台布局：单击 ▢▢ 按钮，可以改变舞台区在整个软件中的位置。

（3）切换舞台大小：单击 ▧ 按钮，可以放大整个舞台。

（4）调试运行代码：单击  按钮，绿色的小旗子代表开始运行调试一段代码，单击红色的小圆圈代表停止一段代码的运行调试。

图 2-10　舞台区调试功能

2.1.3　角色区

角色区是创建新角色和对角色进行调试的区域，如图 2-11 所示。

图 2-11　角色区

1. 创建新角色

系统默认自带一个小猫角色，如果要创建新的角色，可以单击角色区右下角的 ● 按钮创建一个新角色。创建角色有以下 4 种方式，如图 2-12 所示。

（1）上传一个角色：在本地电脑中上传一个图片作为角色，如图 2-13 所示。

（2）随机选择角色：在 Scratch 角色库系统随机选择一个图片作为角色。

（3）绘制一个角色：在 Scratch 造型区绘制一个角色，如图 2-14 所示，后面章节将详细介绍。

（4）选择一个角色：在 Scratch 角色库选择一个图片作为角色，如图 2-15 所示。

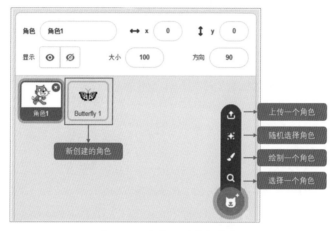

图 2-12　角色区创建新角色

图 2-13　上传一个图片作为角色

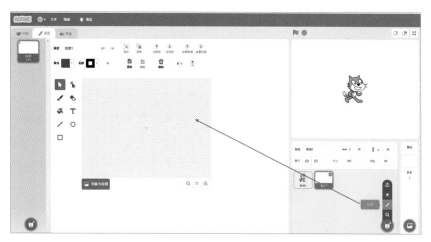

图 2-14　绘制一个角色

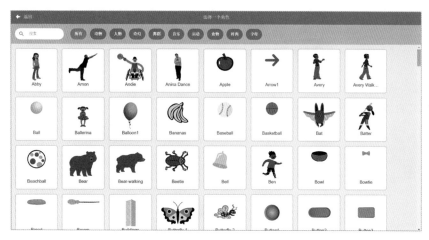

图 2-15　选择一个图片作为角色

2．调试角色

下面通过角色区的功能按键来调试角色，如图 2-16 所示。

（1）更改角色名称：在 角色 角色1 中可以修改当前角色的名称，选中一个角色，直接在角色名称中修改即可。

（2）调试角色 x,y 坐标位置：在 ↔ x 0 ↕ y 0 中所显示的数值代表角色当前所处的坐标位置。角色如果在舞台区被随意拖动位置，里面显示的数值会相应发生变化，角色的造型中心点（造型

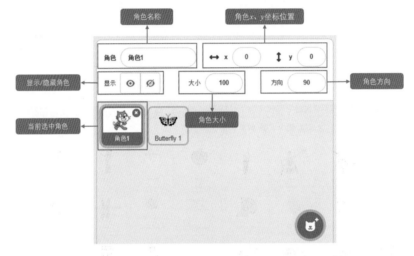

中心点就是角色的一个中心，角色的移动或旋转就是围绕着这个造型中心点来运动的，在角色的造型区可以设置一个角色的造型中心点，后面会详细讲解）默认处于舞台区的中心，也就是 $(x, y) = (0, 0)$。

（3）显示 / 隐藏角色：单击 ⊙ ∅ 按钮，可以在舞台区显示或隐藏某个角色。

（4）调试角色大小：在 大小 ⟨ 100 ⟩ 中可以修改数值调试角色大小，默认值为 100。

（5）调试角色方向：在 方向 ⟨ 90 ⟩ 中可以修改数值调试角色的方向，默认为 90 度，如图 2-17 所示。

（6）当前选中角色：若有多个角色，则展示在角色区左下方，可以选中一个角色对其进行编辑。

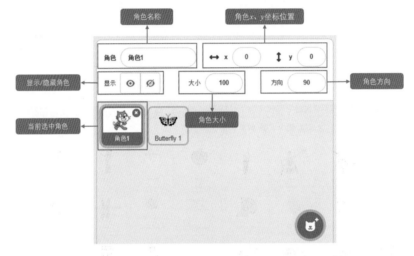

图 2-16　调试角色

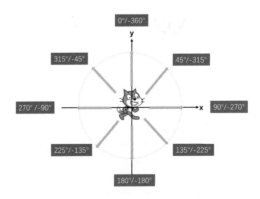

图 2-17　角色区在舞台区对应的坐标位置和方向

扩展知识点　平面直角坐标系

在同一个平面上互相垂直且有公共原点的两条数轴构成平面直角坐标系，简称直角坐标系（Rectangular Coordinates）。通常，两条数轴分别置于水平位置与垂直位置，取向右与向上的方向为两条数轴的正方向。水平的数轴称为 x 轴（x-axis）或横轴，垂直的数轴称为 y 轴（y-axis）或纵轴，x 轴和 y 轴统称为坐标轴，它们的公共原点 O 称为直角坐标系的原点（origin），以点 O 为原点的平面直角坐标系记作平面直角坐标系 xOy。

在 Scratch 的舞台区域选取系统背景库中的坐标图，可以看到舞台区的平面直角坐标系，如图 2-18 所示。

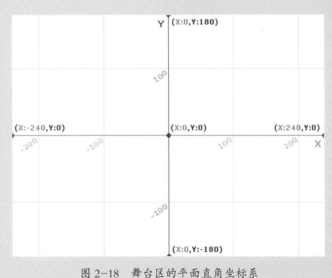

图 2-18　舞台区的平面直角坐标系

2.2　切换显示区域：代码区、背景区、造型区、声音区

切换显示区域是指在软件界面上单击上方按钮显示的区域，如代码区、背景区、造型区和声音区。接下来具体介绍它们的界面功能。

2.2.1 代码区

代码区是编辑角色代码和舞台代码的区域，又可细分为"积木列表区"和"代码编辑区"两个部分，如图 2-19 所示，下面分别进行介绍。

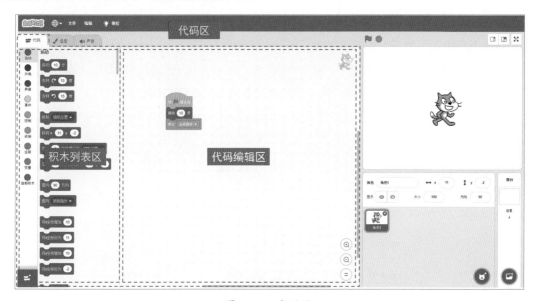

图 2-19　代码区

1. 积木列表区

下面介绍积木列表区中的积木，Scratch 中有角色和舞台两种编程对象，它们显示的代码区中的积木类型是不同的，分别代表该代码书写区的代码所属主体。简单地说，就是编好的一段代码可以控制某个角色或舞台，具体如下。

①选中角色区的某个角色，则左边的积木列表区显示可以用于编辑角色的积木类型列表，如图 2-20 所示，说明代码书写区的代码是属于某一个角色的，代码用于控制这个角色，并且代码积木区中的 9 种已有功能积木都可以使用。

②选中舞台区的舞台，则左边的积木列表区显示可以用于编辑舞台的积木类型列表，如图所示，说明代码书写区的代码是属于这个舞台的，代码用于控制这个舞台。由于舞台不像角色那样具有各式各样的动作，因此代码积木区中的运动积木类型是不可以使用的，其他类型的积木也有部分不能使用。

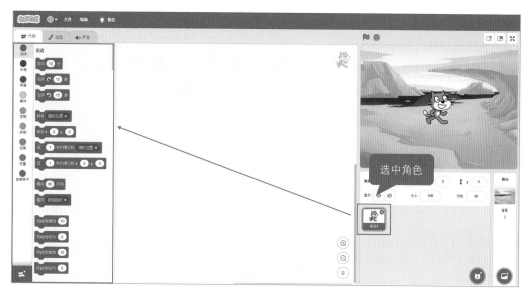

图 2-20　角色积木列表

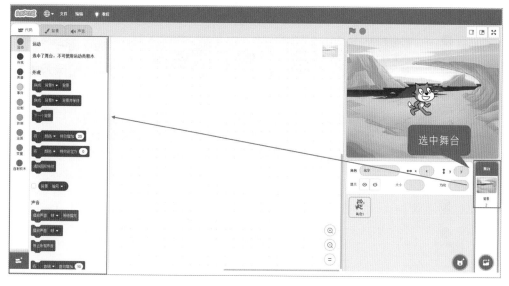

图 2-21　舞台积木列表

由于角色积木包含了舞台积木，因此下面以角色积木为例来学习代码的积木列表区。编程就是搭积木，角色积木根据颜色和形状分为不同的类型，颜色代表不同的角色动作类型，形状代表积木在代码中出现的位置类型。

（1）积木按颜色分类。

在积木列表区，可以看到 9 种常见的不同颜色的角色积木：运动、外观、声音、事件、控制、侦测、运算、变量和自制积木。另外，单击软件界面左下方的 ▣ 按钮，可以看到扩展积木。截至 2019 年 5 月 5 日，在 Scratch 3.0 在线版本可以看到 11 种扩展类型积木，如音乐、画笔、视频侦测、文字朗读、翻译等；而在 Scratch 3.0 离线版本（Scratch Desktop 1.2.1 版）可以看到 9 种扩展积木，如图 2-22 所示。11 种扩展积木中有 8 种积木是 Scratch 官方与其他公司合作开发的，如文字朗读积木是与亚马逊公司合作的，翻译积木是与谷歌公司合作的，Makey Makey 是与 JoyLabz 公司合作的，micro:bit 是与 micro:bit 公司合作的，LEGO MINDSTORMS EV3 和 LEGO Education WeDo 2.0 是与乐高玩具公司合作的。

扩展积木当中有一部分属于控制硬件的积木，如 Makey Makey 、micro:bit、LEGO MINDSTORMS EV3、LEGO Education WeDo 2.0 等，因此需要购买配套的硬件，才可以在 Scratch 软件上编程控制这些硬件，第 6 章将介绍 Scratch 3.0 的硬件编程模块。

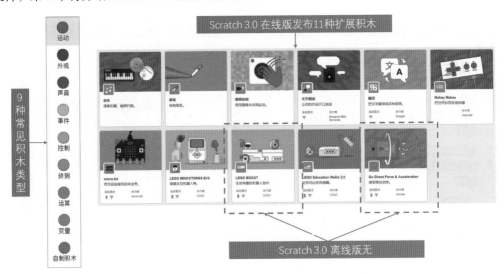

图 2-22　角色积木按颜色分类

（2）积木按形状分类。

编写一段完整代码，一般包含开始、中间、结束 3 种类型积木，如图 2-23 所示，有些简写的代码只包含开始和中间的积木，如上凹下凸形、上凹下凸开口形的积木可作为结尾类型积木使用。

角色积木按形状可分为 7 种，如图 2-24 所示。一般情况下，每种不同的形状在一段代码中都有一些固定的位置。

图 2-23　代码三段式　　　　　　　　　　图 2-24　7 种积木形状

①上凹下凸形：如 移动 10 步 ，这类形状的积木一般处于一段代码的中间位置或结尾位置，存在于运动、外观、声音、笔画、事件、控制、侦测等不同颜色类型的积木中。

②上凹下平形：如 停止 全部脚本 ，这类形状的积木一般处于一段代码的结尾位置，只存在于控制这类颜色的积木中。

③上圆下凸形：如 当▶被单击 ，这类形状的积木一般处于一段代码的开始位置。

④圆角形：如 ◯ + ◯ ，这类形状的积木一般用于嵌入其他积木中，也是处于一段代码的中间位置，并且某些圆角积木是选中状态的，这是为了在舞台区直接显示角色的某些属性（如 ☑ x坐标 ，则在舞台区显示角色当前所处的 x 坐标数值），以便于程序调试，这种选中状态的积木在后续案例中会讲到。

⑤尖角形：如 碰到 鼠标指针▼ ？ ，尖角形与圆角形积木一样，一般用于嵌入其他积木中，因此也处于一段代码的中间位置。

⑥上凹下凸开口形：如 重复执行 10 次 ，这类形状的积木一般处于一段代码的中间位置或结尾位置，具有开口形的积木都用于循环或判断控制。

⑦上凹下平开口形：如 重复执行 ，这类形状的积木一般处于一段代码的结尾位置，具有开口形的积木都用于循环或判断控制。

综上所述，在不同颜色的积木中会有不同形状的积木，如表 2-1 所示，每一行代表一种颜色类别积木，每一列代表一种形状类别积木。

表 2-1　按颜色和形状分类的积木汇总

Scratch 3.0		上凹下凸（中间/结尾）	上凹下平（结尾）	上圆下凸（开始）	圆角（嵌入/选中）	尖角（嵌入）	上凹下凸开口（中间/结尾/包含）	上凹下平开口（包含/结尾）
1	运动	√			√			
2	外观	√			√			
3	声音	√			√			
4	事件	√		√				
5	控制	√	√	√			√	√
6	侦测	√			√	√		
7	运算				√	√		
8	变量	√			√			
9	自制积木	√			√			
10	音乐	√			√			
11	画笔	√						
12	视频侦测	√		√	√			
13	文字朗读	√						
14	翻译				√			
15	Makey Makey			√				
16	Micro:bit	√		√	√	√		
17	LEGO MINDSTORMS EV3	√		√	√	√		
18	LEGO WeDo 2.0	√		√	√	√		

2．代码编辑区

Scratch 的代码编辑区用于编辑代码，如图 2-25 所示，将积木列表区中的积木拖曳到代码书写区中，即可编辑完成一段代码。选中代码后可以做以下操作。

①选中代码后单击：运行代码，舞台区会显示代码运行效果。

②选中代码后右击：显示"复制""添加注释""删除"3 个选项，选择"复制"选项，复制出相同积木：选择"添加注释"选项，弹出注释弹窗；选择，"删除"选项，删除选中的积木，具体如图 2-26 所示。

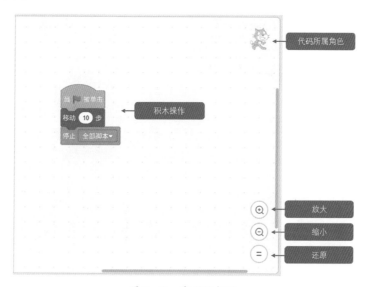

图 2-25　代码编辑区

图 2-26　选中代码后右击

2.2.2 背景区

背景区是描绘舞台背景的区域，首先选中舞台区的舞台背景，然后将左上方的代码区切换为背景区，这时在 Scratch 软件界面的左边才会出现背景区，如图 2-27 所示。在背景区中，又可以分为"背景列表区"和"背景编辑区"两个部分。

图 2-27　背景区

1. 背景列表区

在背景列表区单击不同的背景，可以编辑一个舞台的不同背景。选中一个背景并右击，弹出"复制"和"删除"选项。在舞台区创建背景的方式有 4 种，而在背景列表区下方单击 按钮，可以选择 5 种新建背景的方式，如图 2-28 所示。

①拍摄一个背景：通过电脑摄像头拍摄一个背景，电脑有摄像头时可以启用该功能，如图 2-29 所示。

②上传一个背景：在本地电脑上上传一个舞台背景图片，如图 2-30 所示。

③随机选择背景：在 Scratch 背景库系统随机选择一个图片作为背景。

④绘制一个背景：在 Scratch 背景区绘制一个背景图片，如图 2-31 所示，后面会进行详细介绍。

⑤选择一个背景：在 Scratch 背景库选择一个图片作为背景，如图 2-32 所示。

图 2-28　背景列表区功能

图 2-29　拍摄一个背景

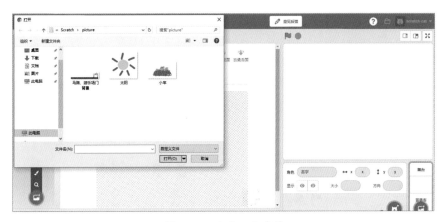

图 2-30　上传一个背景

图 2-31　绘制一个背景

图 2-32　选择一个背景

2. 背景编辑区

背景编辑区有两种不同的图片编辑器：矢量背景编辑器和位图背景编辑器，这两种不同的编辑器界面上的绘图控件功能不同，如图 2-33 和图 2-34 所示。背景编辑区中每一个按键的功能，在后面的章节中将详细介绍。

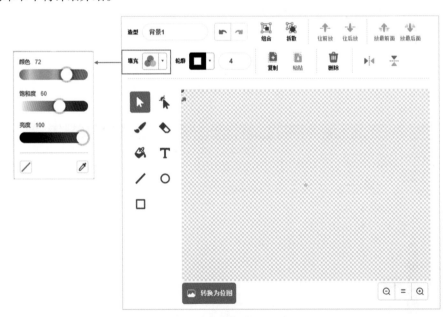

图 2-33　矢量图背景编辑器

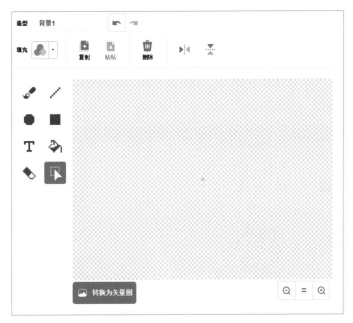

图 2-34　位图背景编辑器

扩展知识点 矢量图和位图

计算机中显示的图形一般可以分为矢量图和位图两大类，如图 2-35 所示。

①矢量图特点：可以任意放大缩小，但图像数据量小，色彩不丰富，无法表现逼真的景物。

②位图特点：可以表现出色彩丰富的图像效果，可逼真表现自然界中的各类景物，不能任意放大缩小（放大会模糊，且图像数据量大）。

矢量图　　　　　　　　位图

图 2-35　矢量图和位图示意图

2.2.3 造型区

造型区用于描绘角色造型，首先要选中角色区的某个角色，然后将左上方的代码区切换为造型区，这样在 Scratch 软件界面的左侧才会出现造型区。在造型区中又可分为"造型列表区"和"造型编辑区"两个部分，如图 2-36 所示。

图 2-36　造型区

1. 造型列表区

在造型列表区单击不同的造型，可以编辑一个角色的不同造型。选中一个造型并右击，弹出"复制"和"删除"选项。在角色区创建背景的方式有 4 种，而在造型列表区右下方单击 🐱 按钮，可以选择 5 种新建造型的方式，如图 2-37 所示。

① 拍摄一个造型：通过电脑摄像头拍摄一个造型，电脑有摄像头时可以启用该功能。

② 上传一个造型：在本地电脑上上传一个图片作为造型。

③ 随机选择造型：在 Scratch 造型库系统随机选择一个图片作为造型。

④ 绘制一个造型：在 Scratch 造型编辑区绘制一个造型，后面会详细介绍。

⑤ 选择一个造型：在 Scratch 造型库选择一个图片作为造型。

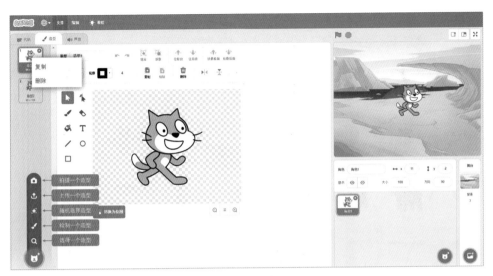

图 2-37　造型列表区功能

新建造型的 5 种方式与新建背景的 5 种方式类似，因此弹窗类似，这里不再赘述。除了"选择一个造型"是在系统自带的造型库中进行选择，如图 2-38 所示。造型库和角色库的差别是每一个角色有多种造型，即选中一个角色，则在该角色的造型列表区会自动出现多个造型，如图 2-39 所示。

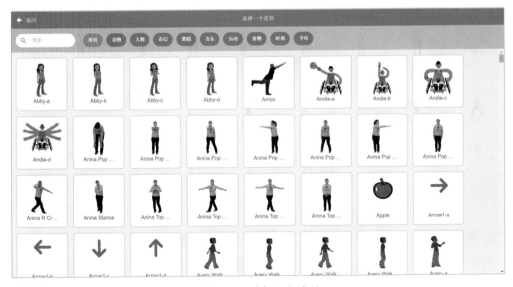

图 2-38　选择一个造型

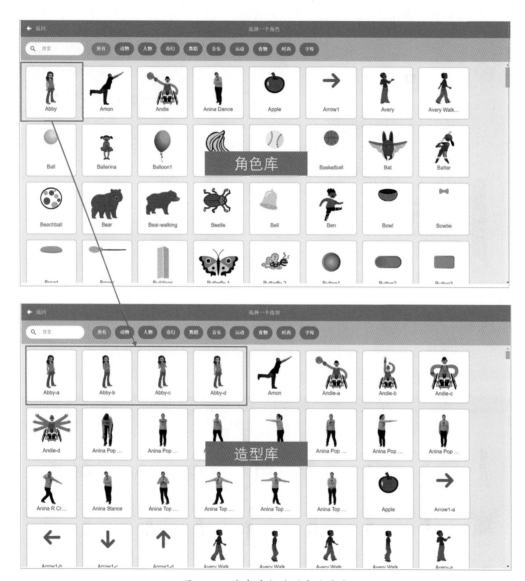

图 2-39　角色库与造型库的关系

2. 造型编辑区

造型编辑区与背景编辑区类似，也分为矢量造型编辑器和位图造型编辑器两种，如图 2-40 和图 2-41 所示，这里不再赘述，后面的章节中会进行展开。

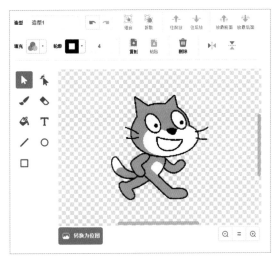

图 2-40　矢量图造型编辑器

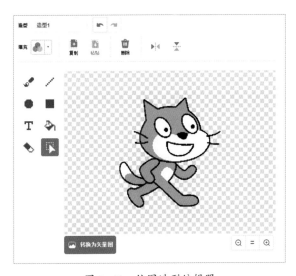

图 2-41　位图造型编辑器

2.2.4　声音区

声音区是编辑角色声音和舞台声音的区域。在代码区介绍过 Scratch 中有角色和舞台两种编程对象，因此选中"角色"与选中"舞台"所显示的声音区编辑内容是不同的。例如，选中角色区的某个角色，则左侧的声音区属于某一个角色；选中舞台区的舞台，则左侧的声音区属于舞台。

　　角色与舞台的声音区内的功能按键相同，如图 2-42 和图 2-43 所示。下面以角色的声音区为例来学习声音区的相关内容。在声音区中，又可分为声音列表区和声音编辑区两部分。

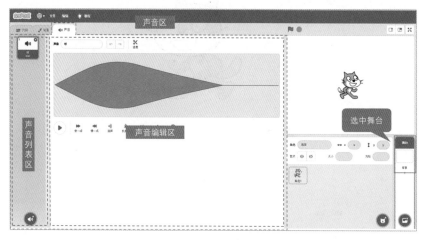

图 2-42　舞台声音区

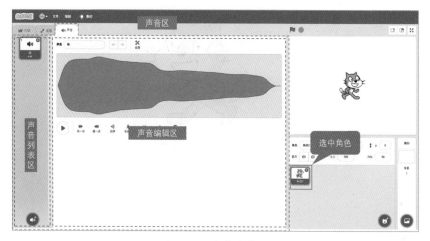

图 2-43　角色声音区

1. 声音列表区

　　在声音列表区可以单击切换不同的声音，选中一个声音并右击，弹出"复制"和"删除"选项。在声音列表区右下方单击 🔊 按钮，可以选择 4 种不同的创建声音的方式，如图 2-44 所示。

①上传一个声音：在本地电脑上上传一个音频作为声音，如图 2-45 所示。

②随机选择声音：在 Scratch 声音库系统随机选择一个声音作为角色的声音。

③录制一个声音：在 Scratch 声音编辑区录制一个声音，如图 2-46 所示。

④选择一个声音：在 Scratch 声音库选择一个音频作为角色的声音，如图 2-47 所示。

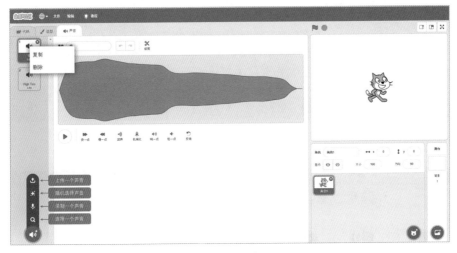

图 2-44　声音列表区功能

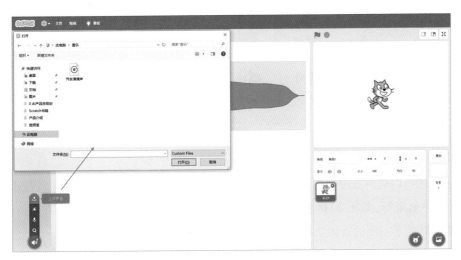

图 2-45　上传一个声音

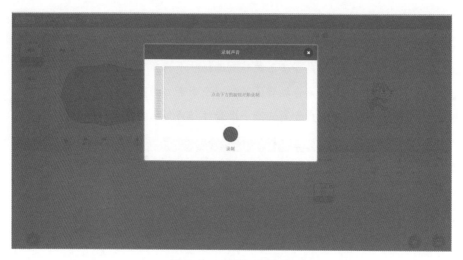

图 2-46　录制一个声音

图 2-47　选择一个声音

2．声音编辑区

声音编辑区可以对声音进行简单的编辑，如编辑声音名称、剪切声音、加快声音速度、减慢声音速度、回声效果等，如图 2-48 所示。大家可以在界面上直接单击看一下每个功能按键的效果，也可以观看书籍配套录制的视频学习课程。

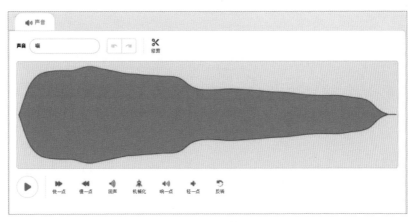

图 2-48　声音编辑区

2.3　本章小结

　　本章主要学习了 Scratch 3.0 的界面，主要分为 7 个区域：菜单栏、舞台区、角色区、代码区、背景区、造型区和声音区。前 3 个属于固定显示的区域，后 4 个属于切换显示的区域。每个区域有自己特定的功能，分属 Scratch 编程的不同功能模块。

第3章

Scratch 3.0 动画制作

3.1 什么是动画

　　动画是一种综合的艺术作品，它集绘画、漫画、电影、数字媒体、摄影、音乐、文学等众多艺术门类于一身。与其他形式的艺术创作（如文学和美术）相比，其最大的魅力在于运动，动画通过连续播放许多帧静止的画面，使眼睛产生连续动作的一种影像错觉。无论拍摄对象是什么，只要它采用逐帧的拍摄方式，观看时连续播放就形成了活动影像，这就是动画。

　　在本章的 Scratch 3.0 动画制作中，将介绍动画制作的基本步骤，以及编辑背景、角色、声音的一些操作，这些分别在 Scratch 3.0 界面的不同区域中进行编辑，最终组合成一幅完整的动画作品。

3.2 动画制作的基本步骤

　　在 Scratch 3.0 中进行动画制作的基本步骤如图 3–1 所示。

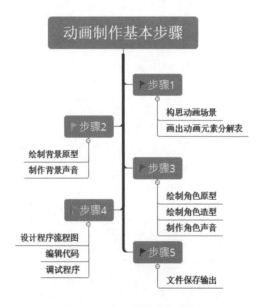

图 3–1　动画制作基本步骤

STEP ① 构思动画场景，进行动画元素分解。

构思要制作的动画场景，对动画元素进行分解，画出元素分解表。

STEP ② 绘制背景原型、背景声音。

绘制不同的静止物体，静止物体是没有动作的，因此可以组成一幅静止的背景图，如果该背景有自己特定的声音，那么绘制或准备好背景的声音素材，后续可以单独对背景进行代码编辑。本步骤一般会用到舞台区、背景区、声音区的相关功能。

STEP ③ 绘制角色原型、角色造型、角色声音。

绘制一个活动的角色原型，如果该角色有多个造型，那么需画出多个造型。如果该角色有自己特定的声音，那么绘制或准备好背景的声音素材。如果是单个角色简单移动的动画（如 3.3 节案例 1：小猪佩奇的故事），那么描绘不同活动物体作为不同角色；如果是每一帧类型的动画（如 3.3 节案例 2：超级火柴人），那么描绘角色的每帧图片，将每帧图片作为角色的一个造型，后续可以单独对角色进行代码编辑。本步骤一般会用到角色区、造型区、声音区的相关功能。

STEP ④ 设计程序流程图，编辑代码，调试程序。

根据舞台或角色的动作设计程序流程图，找舞台或角色动作对应的功能积木，按照程序流程图编辑舞台或角色的代码程序，并最终调试程序。本步骤一般会用到代码区的相关功能。

STEP ⑤ 文件保存输出，完成动画制作。

本步骤一般会用到菜单栏的相关功能。

 扩展知识点 程序流程图

程序流程图又称程序框图，是用统一规定的标准符号描述程序运行具体步骤的图形表示。程序框图的设计是在处理流程图的基础上，通过对输入输出数据和处理过程的详细分析，将计算机的主要运行步骤和内容标识出来。

程序流程图采用的符号有以下两种。

（1）4 种功能框：起始框、执行框、判断框和终止框，具体形状如图 3-2 所示。

①起始框用于一个程序的开始，如 Scratch 3.0 中的上圆下凸形积木 ▭ 。

②执行框代表执行框中的某个动作行为，如 Scratch 3.0 中的上凹下凸形积木 ▭ 。

③判断框表示逻辑判断的条件，符合某个条件就沿着该条件方向上的箭头走到下一步，如 Scratch 3.0 中的开口形积木 ▭ ▭ 。

④终止框表示，如 Scratch 3.0 中的上凹下平积木 ▭ 。

（2）箭头表示程序执行的流向，如图 3-2 所示。如果箭头将几个框组成一个环（如图 3-3 中的红色箭头线组成环），代表循环执行这些框内的程序，在 Scratch 3.0 中的开口形积木 ▭ ▭ 代表循环执行。

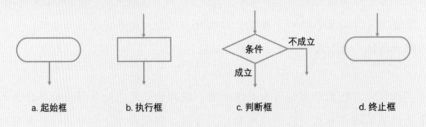

a. 起始框　　　b. 执行框　　　c. 判断框　　　d. 终止框

图 3-2　4 种程序流程图功能框

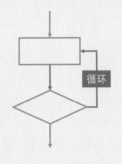

图 3-3　箭头指向

3.3　案例 1：小猪佩奇的故事

✎ 课前小练习：旋转的小星星

在介绍"小猪佩奇的故事"案例之前，首先来做一个小练习题，题目如下。

【练习题1】下面练习使用代码编辑区制作一个会旋转的小星星，小星星角色可以在 Scratch 3.0 自带的角色库中找到，如图 3-4 所示，旋转小星星代码如图 3-5 所示。

图 3-4　小星星角色

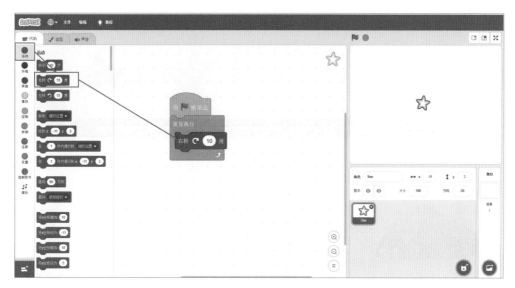

图 3-5　旋转小星星代码

做完课前热身的小练习后，下面正式进入"小猪佩奇的故事"动画制作的编程案例。首先，下载本案例素材（http://www.turtleedu.com），并观看完本案例提供的小猪佩奇视频，然后看一下编程题目的具体要求。

【编程题】下面看一个小猪佩奇一家人去游乐场的动画，然后通过 Scratch 3.0 制作出这个动画，具体要求如下。

（1）根据提供的素材，创建一个背景，创建小车和太阳两个角色。

（2）小车角色动作。

① 小车初始位置为（-175，-150），2秒内滑行到（-10，-150）位置。

② 小车在（-10，-150）位置时说两句话："爸爸，我们还有多久到游乐场"，然后间隔1秒后再说"还有10分钟就到了"，再间隔1秒播放汽车滴滴声。

③ 然后在2秒内滑行到（180，-150）位置，动画结束。

（3）太阳角色动作。

太阳从开始到结尾一直旋转，围绕太阳中心点，每隔1秒向右旋转15度。

看完本案例提供的小猪佩奇视频素材后，下面按照动画制作的5个步骤制作这个动画。

STEP 1 构思动画场景，进行动画元素分解。

下面打开本案例提供的素材库，可以看到一个背景图片（马路和游乐场门）、两个角色图片（小车和太阳），以及一个声音素材（汽车滴滴声），如图3-6~图3-8所示。

图3-6 马路和游乐场门背景图

图3-7 小车和太阳角色

图3-8 汽车喇叭声音

大家在视频动画中可以看到，这是小猪佩奇一家人去游乐场的一个动画场景，在这个动画中，有静止的背景，如"马路""游乐场门"，把静止的物体合并成一个背景；另外，也有运动的物体，如小猪佩奇一家人坐着的"小车"（可以把车和小猪佩奇一家看作一个整体，简称为"小车"）和"太阳"。然后按照图3-9所示对动画场景进行元素分解，并写出元素分解表，如表3-1所示。

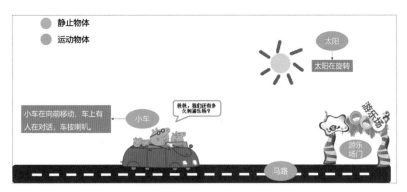

图 3-9　动画场景的元素分解图

表 3-1　小猪佩奇动画元素分解表

对象类别	具体对象	声音	动作
背景	马路和游乐场门背景	无	无
角色	小车	按喇叭	向前移动、对话框
	太阳	无	旋转

STEP ❷　绘制背景原型。

首先选择舞台区右下方"舞台"，其次选择背景区，然后在背景列表区下方单击"上传背景"按钮，如图 3-10 所示，最后将本案例提供的素材"马路"和"游乐场门"的背景图片上传到背景区。由于本案例中背景没有声音，因此无须上传声音。

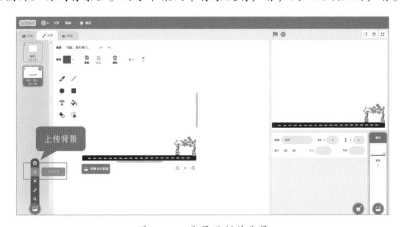

图 3-10　背景区制作背景

观察一下上传到舞台区的图片是否在理想的位置，马路要与舞台区的底边对齐，如果位置不理想，可以单击背景区中的 ![按钮] 按钮，在背景区选择框住整个背景图片，然后进行拖动。此时，背景图片在背景区发生移动的同时，舞台区中的背景图片也会发生相应的移动，直到移动到合适的位置为止。

STEP **3**　绘制角色原型、角色造型、角色声音。

在本案例中，有小车和太阳两个运动的物体，因此就有小车和太阳两个角色。根据本案例提供的素材库，可以将小车和太阳两种角色图片上传到角色区。单击角色区右下方的 ● 按钮，选择从本地文件夹中分别上传小车和太阳图片作为角色，如图 3-11 所示。另外，如果画画比较好，也可以单击 ● 按钮绘制一个角色，将小车和太阳分别通过造型区的编辑器画出两个角色。

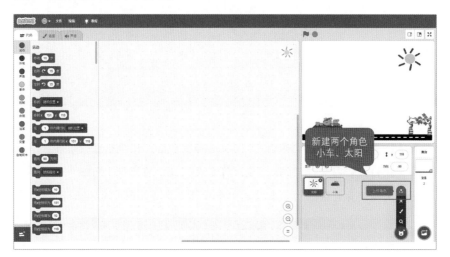

图 3-11　新建小车和太阳两个角色

从元素分解表中可以看到，这两个角色只有一个造型，如小车声音有按喇叭，太阳没有声音。因此，选中小车角色，然后在声音区单击 🔊 按钮，新建一个汽车喇叭的声音，如图 3-12 所示。

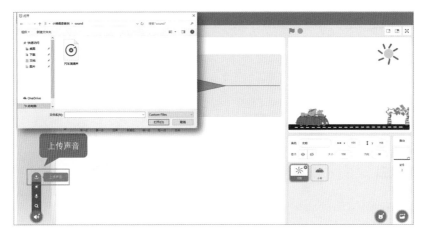

图 3-12　新建一个小车喇叭声音

STEP ④　设计程序流程图，编辑代码，调试程序。

从元素分解表中可以看到，小车的动作是向前移动、出现对话框，小车声音有按喇叭；太阳的动作有旋转。下面分别画一下每个活动物体的程序流程图。

首先，对小车角色进行分析，小车位于马路开始的一个位置，然后向前滑行移动到马路中央的某个位置，弹出小猪佩奇和爸爸的对话框，接着小车发出了喇叭的声音，最后滑行移动到游乐场大门处，伴随小车的整个动作完毕。根据以上分析画出小车动作过程的程序流程图，如图 3-13 所示。然后，根据程序流程图在代码积木区找到对应动作类型的积木，并在代码编辑区将代码组织起来，这样小车角色的代码就编辑完成了，如图 3-14 所示。

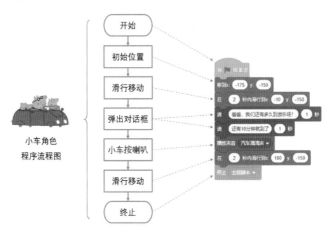

图 3-13　小车角色程序流程图

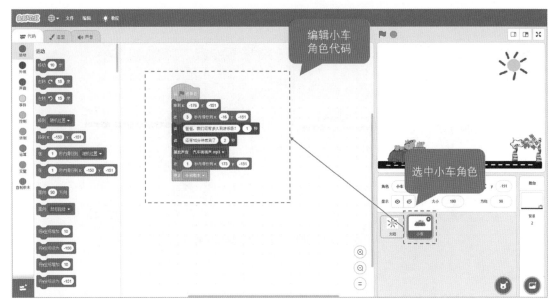

图 3-14 编辑小车角色程序代码

　　其次，对太阳角色进行分析，太阳角色的动作就是一直旋转，在代码积木区没有找到旋转的积木，因此采用右转 15 度加等待 1 秒的时间组合成一个旋转的动作，然后重复这个动作，就可以达到太阳旋转的效果，其程序流程图如图 3-15 所示。然后，根据程序流程图在代码积木区找到对应动作类型的积木，并在代码编辑区将代码组织起来，这样太阳角色的代码就编辑完成了，如图 3-16 所示。

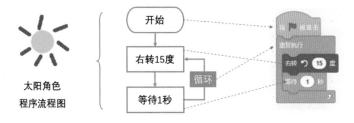

图 3-15 太阳角色程序流程图

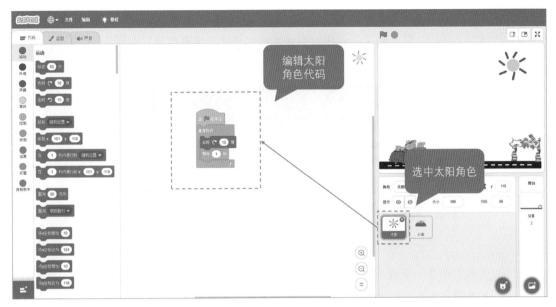

图 3-16　编辑太阳角色程序代码

小车和太阳的代码都编写完成后，单击舞台区左上方的"开始"按钮 ▶，运行编好的代码，即可在舞台区开始演示；如果想看得更清晰一些，也可以单击右上方的"全屏模式"，然后单击"开始"按钮 ▶，演示编程效果，如图 3-17 所示。

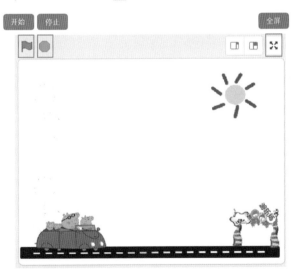

图 3-17　舞台区调试

STEP 5 文件保存输出，完成动画制作。

在 Scratch 3.0 软件的菜单栏中对调试好的文件进行保存输出，如图 3-18 所示，Scratch 3.0 文件保存的格式为 .sb3。

图 3-18 保存文件到电脑

至此，制作一个动画的 5 个步骤已经完成，小猪佩奇案例的动画也就制作完成了。大家可以把自己制作的动画分享给身边的同学、老师、家长，也可以分享到 Scratch 官网社区中，让更多的朋友看到你的作品。

3.4 案例2：超级火柴人

课前小练习：绘制一个角色多个造型

在介绍"超级火柴人"案例前，首先来做一个小练习，题目如下。

【练习题 2】下面练习使用角色造型区的编辑器，在 Scratch 3.0 的角色区中绘制一个新角色，并在该角色的造型区画出这个新角色的不同造型（至少画出 4 个造型）。大家可以发挥想象力，自己动手绘制，可参考如图 3-19 所示的火柴人造型。在造型区绘制火柴人造型，如图 3-20 所示。

图 3-19 火柴人造型参考图

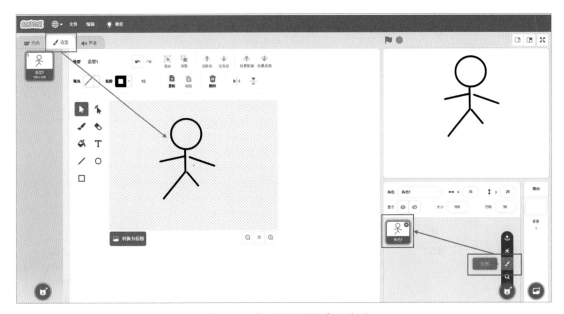

图 3-20　造型区绘制火柴人造型

　　下面制作一个更难的动画 —— 超级火柴人。先下载本案例素材，并观看超级火柴人的视频动画。这里分析一下"超级火柴人"动画的特点：动画的每一个画面都不同，角色造型多，且动作较复杂。下面是编程题目的具体要求。

　　【编程题】下面看一个火柴人的动画，然后通过 Scratch 3.0 制作出这个动画，具体要求如下。

　　（1）根据提供的素材，创建两个蓝色 / 黄色背景，创建一个具有 19 个造型的火柴人角色，以及该火柴人角色的两个声音。

　　（2）火柴人角色动作。

　　① 播放蓝色背景 1 和造型 1，并开始播放声音 1，在该画面上停顿 1 秒。

　　② 火柴人角色开始切换下一个造型 2，然后等 0.2 秒，再切换下一个造型 3，依次类推，直到火柴人角色的造型切换到造型 19 时，换成黄色背景 2，停止声音 1 并播放声音 2。

　　③ 在造型 19 和黄色背景下停顿 3 秒，结束。

　　下面按照动画制作的 5 个步骤来制作这个动画。

STEP **1** 构思动画场景，进行动画元素分解。

打开本案例提供的素材库，可以看到除蓝色和黄色两种背景外，还有 19 张火柴人不同造型的图片，以及两个声音，如图 3-21~ 图 3-23 所示。

蓝色背景   黄色背景

图 3-21   两种背景图片

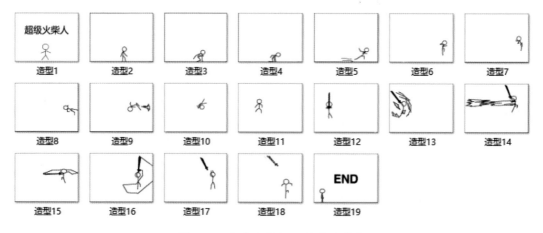

图 3-22   火柴人角色 19 张造型图片

声音1 techno   声音2 drip drop

图 3-23   两个声音

通过观察超级火柴人动画，可以发现，第 1~18 个造型的火柴人均为蓝色背景，并且播放声音 1；第 19 个造型的火柴人是黄色背景，并且播放声音 2，这时可以创建一个火柴人角色，并将 19 个造型上传到该火柴人角色上，然后在火柴人角色上上传两个声音。因此写出该动画元素分解，如表 3-2 所示。

表 3-2　超级火柴人动画元素分解表

对象类别	具体对象	声音	动作
背景原型	蓝色背景	无	无
	黄色背景	无	无
角色原型	火柴人第 1~18 造型	播放声音 1	无
	火柴人第 19 造型	播放声音 2	无

STEP 2　绘制背景原型。

首先选中舞台区右下方的"舞台背景"，并切换到背景区，在背景列表区左下方选择"上传背景"选项，将蓝色和黄色两个背景图片上传到背景区，如图 3-24 所示。

图 3-24　背景区制作背景

STEP 3　绘制角色原型、角色造型、角色声音。

由于火柴人角色有 19 个造型，在角色区单击 按钮，先上传一张火柴人造型图片，创建火柴人角色，如图 3-25 所示。

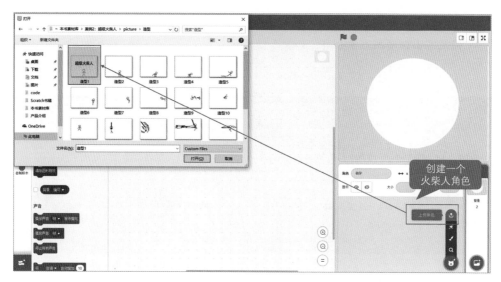

图 3-25　创建火柴人角色

如果上传的造型和背景不在同一个中心位置，如上传的造型位置向左偏移，那么在舞台区单击，按住鼠标左键进行拖曳，直到把造型放在中央位置为止，如图 3-26 所示。

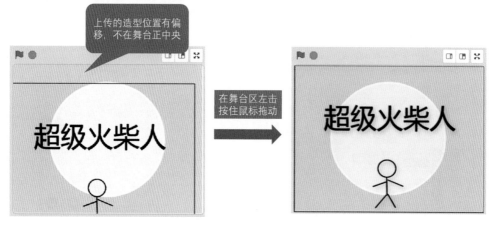

图 3-26　调整造型在舞台区的位置

创建好一个火柴人角色后，选中火柴人角色，切换到造型区，在造型区左下方单击 🐱 图标，把剩下的 18 个造型依次按顺序上传，直到所有火柴人造型全部上传完成为止，如图 3-27 所示。

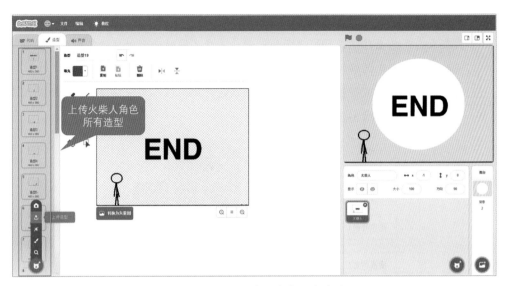

图 3-27　上传火柴人角色所有造型

接下来选中火柴人角色，然后在声音区将两个声音素材上传，如图 3-28 所示。

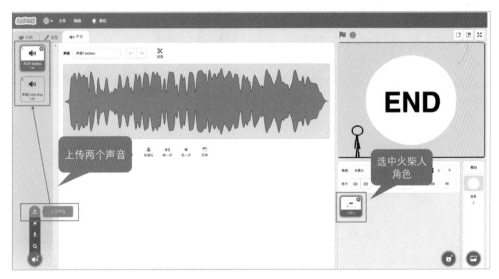

图 3-28　上传两个声音

STEP 4　设计程序流程图，编辑代码，调试程序。

当所有的素材都上传到 Scratch 软件中的正确位置后，接下来就可以开始画流程图并编辑角色代码了。由于本案例只有一个火柴人角色，因此先画火柴人角色的程序流程图。火柴人角色的动作就是切换不同的造型，并在不同的造型时显示不同的背景和播放不同的声音，因此代码的操作主要是对造型、背景和声音的控制，其程序流程如图 3-29所示。根据程序流程图在积木区选择正确的代码，然后在代码编辑区将火柴人角色的代码编辑好，如图 3-30所示。

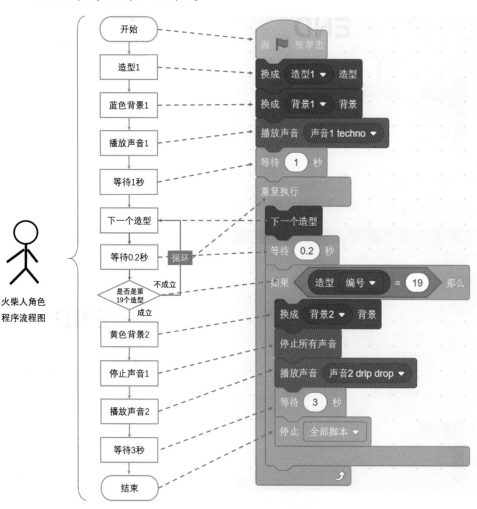

图 3-29　火柴人角色程序流程图

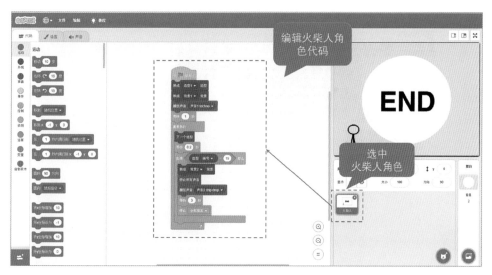

图 3-30 编辑火柴人角色程序代码

火柴人角色的代码编写完成后，单击舞台区左上方的"开始"按钮 🚩，运行编好的代码，即可在舞台区开始演示，如图 2-31 所示，如果调试成功，就说明这段代码编写正确。

图 3-31 舞台区调试

STEP 5 文件保存输出，完成动画制作。

与小猪佩奇的案例一样，最后在 Scratch 3.0 软件的菜单栏中对调试好的文件进行保存输出，如图 3-32 所示。

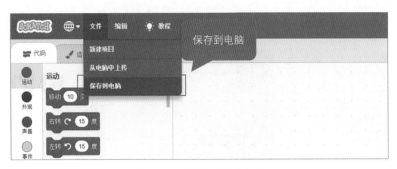

图 3-32 保存文件到电脑

 超级火柴人编程新思路

如果和超级火柴人案例题目要求相同，但提供的素材库不同，将火柴人的每一个造型与背景图进行合并，但没有单独的背景图片，具体如图 3-33 所示。思考一下，本案例的编程代码还一样吗？大家可以亲自动手编写。

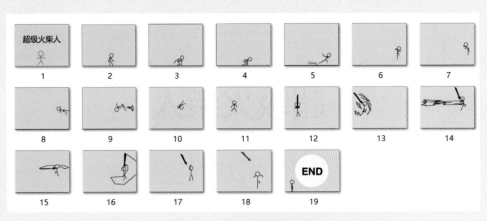

图 3-33 火柴人新素材图

3.5　案例 3：烟花雨

🖉 **课前小练习**：克隆小苹果

同样，在学习"烟花雨"动画片制作案例之前，首先做一个小练习，这个小练习主要学习 Scratch 中的克隆知识，具体如下。

【练习题 3】下面编辑一个小程序，界面上有一个小苹果，然后每隔 0.5 秒在背景上随机出现一个克隆体小苹果，一共出现 5 个克隆体小苹果，最后桌面上是 6 个小苹果。

提示：此题目需要编写一个主程序（控制每隔 0.5 秒出现一个克隆体小苹果的整个过程）和一个子程序（克隆出随机出现的小苹果）。在 Scratch 系统自带的角色库中找到小苹果的图片，创建一个小苹果的角色，然后在"控制"代码类别中找到"当作为克隆体启动时"和"克隆自己"两个代码积木，按照图 3-34 中的代码组合生成程序。每一个克隆体都继承了"当作为克隆体启动"以下的所有代码行为。

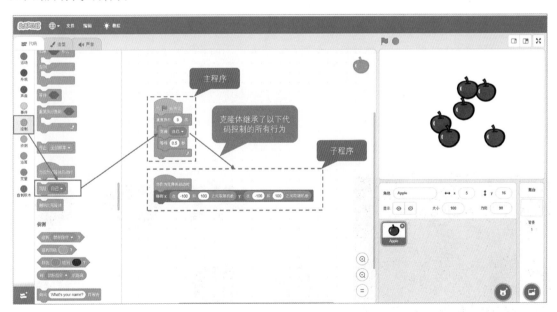

图 3-34　克隆小苹果代码

做完小练习后，开始学习本案例"烟花雨"的动画制作过程。首先，下载本案例素材，并观看"烟花雨"动画，然后看一下下面的编程题目的具体要求。

【编程题】观看完"烟花雨"案例的动画后，通过 Scratch 3.0 来制作出这个动画，具体要求如下。

（1）根据提供的素材，创建一个星空建筑背景，创建一个具有 8 个造型的烟花角色。

（2）烟花角色动作。

① 开始时，将烟花角色隐藏起来。

② 当程序开始启动时，显示烟花的造型 C1，并将大小设定为 30，然后使造型 C1 出现在（x1，y1）位置，其中 x1 是 −200~200 之间的随机数，y1=−180。

③ 烟花造型 C1 从（x1，y1）位置在 1 秒内滑移到（x2，y2）位置，其中 x2 是 −200~200 之间的随机数，y2 是 −24~140 之间的随机数。

④ 同时播放击打低音鼓 0.25 节拍的声音作为烟花爆破的声音。

⑤ 烟花播放的声音为击打低音鼓 0.25 节拍的声音。

⑥ 切换一个新造型，新造型可以随机在造型 C2~C8 之间产生，并且其大小增加 20，亮度特效增加 25。

⑦ 新造型等待 1 秒后隐藏。

⑧ 等待随机 0.1~2 秒后，再播放第二个烟花，重复以上的步骤，共放出 10 个烟花后停止。

下面按照动画制作的 5 个步骤制作这个动画。

STEP ❶ 构思动画场景，进行动画元素分解。

打开本案例提供的素材库，可以看到一张星空建筑物背景图和 8 张烟花角色不同的造型图，如图 3-35 和图 3-36 所示。

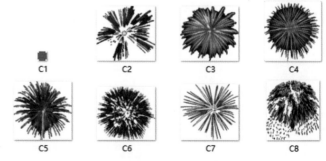

图 3-35　星空建筑背景图　　　　图 3-36　烟花角色不同的 8 个造型图

通过观察"烟花雨"动画，可以发现，背景图是始终不动的，也没有声音；而烟花角色有 C1~C8 共 8 个造型，都由开始的造型 C1 变换为 C2~C8 中的任意一种造型，每一次造型变换都会有一个爆破声（题目要求采用击打低音鼓 0.25 节拍的声音作为烟花爆破声）。因此将该动画的动画元素分解，如表 3-3 所示。

表 3-3 超级火柴人动画元素分解表

对象类别	具体对象	声音	动作
背景原型	星空建筑物背景	无	无
角色原型	烟花	爆破声	滑移、随机切换造型

STEP 2 绘制背景原型。

本案例的背景图是直接提供的素材，因此在舞台区右下方选择"舞台"，单击右下角 图标，选择"上传背景"选项，将星空建筑物背景图上传到背景区，如图 3-37 所示。

当然，在背景区的背景列表区下方找到 图标，同样可以上传背景图。

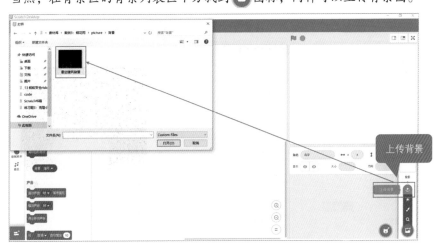

图 3-37 上传星空建筑物背景图

STEP 3 绘制角色原型、角色造型、角色声音。

由于烟花角色有 8 个不同造型，在角色区单击 图标，先上传一张 C1 造型图片，创建烟花角色，如图 3-38 所示。然后切换到造型区，在造型区的左下方单击 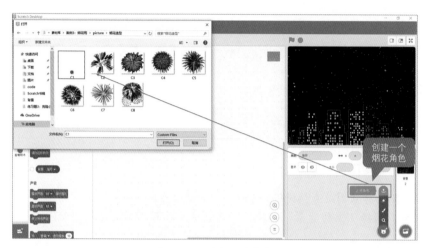 图标，把剩下的 7 个造型依次上传，直到所有烟花造型全部上传为止，如图 3-39 所示。由于题目要求，一开始烟花角色造型 C1 要隐藏，因此创建好烟花角色后需要在角色区单击 显示 按钮，将其隐藏。

图 3-38　创建烟花角色

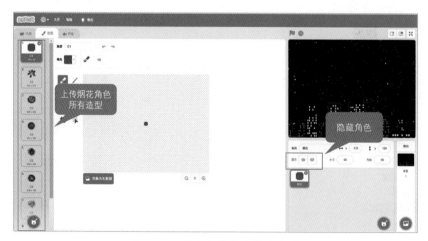

图 3-39　上传烟花角色所有造型

STEP ④　设计程序流程图，编辑代码，调试程序。

所有的素材都上传到合适的位置后，接下来开始画流程图并编辑角色代码。由于本案例只有一个烟花角色，因此先画烟花角色的程序流程图。

由于本案例中，烟花重复出现了 10 次，与课前小练习"克隆小苹果"类似，因此可以采用克隆体的相关代码积木，将本案例的代码分为主程序和子程序两个部分。

①主程序逻辑：主要控制克隆体烟花出现的全部过程，即题目中烟花角色动作要求的最后一步；"然后等待随机 0.1~2 秒后，再播放第二个烟花，重复以上步骤，共放出 10 个烟花停止"，如图 3-40 所示。

②子程序逻辑：主要控制单个烟花的全部动作，即题目中烟花角色动作要求的第 1~7 步，如图 3-41 所示，并且编辑烟花角色程序代码，如图 3-42 所示。

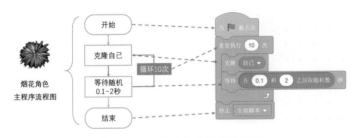

图 3-40　烟花角色主程序流程图

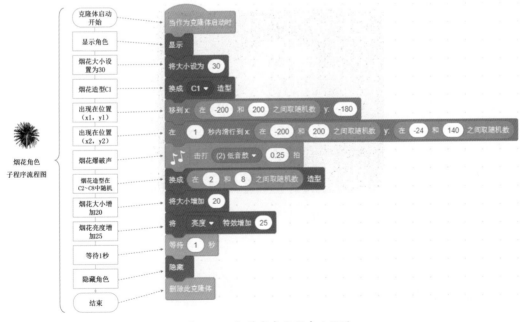

图 3-41　烟花角色子程序流程图

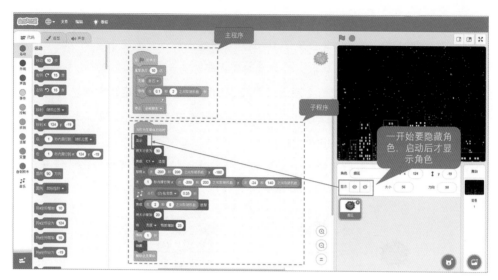

图 3-42　编辑烟花角色程序代码

烟花角色的代码编写完成后，单击舞台区左上方的"开始"按钮 🏳，运行编好的代码，即可在舞台区开始演示，如图 3-43 所示。如果调试成功，就说明这段代码编写正确。

图 3-43　舞台区调试

STEP 5　文件保存输出，完成动画制作。

与之前的两个案例一样，最后在 Scratch 3.0 软件的菜单栏中对调试好的文件进行保存输出，如图 3-44 所示。

图 3-44　保存文件到电脑

3.6 本章小结

本章通过 3 个案例介绍了动画片制作的 5 个基本步骤。

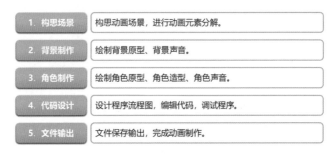

图 3-45　动画制作的 5 个步骤

通过 3 个课堂小练习，让同学们掌握了更多 Scratch 3.0 动画制作的相关知识。

课堂小练习 1 让同学们自己动手画几个火柴人的造型，学习了造型区的一些编辑功能；课堂小练习 2 介绍了不同造型素材对应不同编码过程的火柴人案例，让同学们了解到一个动画制作的程序代码不是唯一的，它随着素材的不同而不同；课堂小练习 3 巩固了 Scratch 中克隆体的编码过程，让同学们可以更好地理解克隆体在程序编码中的作用。

第4章

Scratch 3.0 游戏设计

4.1 游戏设计的基本步骤

在 Scratch 3.0 中，游戏设计的一般步骤与动画制作类似，具体如图 4-1 所示。

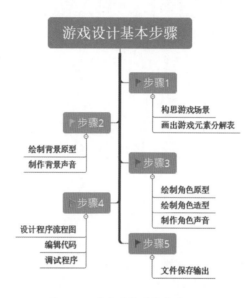

图 4-1　游戏设计的基本步骤

4.2 案例 1：猫抓老鼠游戏

本节学习 Scratch 3.0 游戏制作的编程案例。首先，下载本案例素材，并观看完本案例提供的视频素材，然后看一下编程题目的具体要求。

【编程题】下面看一个猫抓老鼠游戏的动画片，然后通过 Scratch 3.0 制作出这个游戏，具体要求如下。

（1）本案例需要创建一个房间背景（Scratch 背景库中的 Cat 2），并创建两个角色：一只小猫（Scratch 角色库中的 Cat 2）和一只老鼠（Scratch 角色库中的 Mouse1），如图 4-2 所示。本案例所有背景和角色的创建均可在 Scratch 自带的各类库中选择创建或绘制创建。

（2）舞台房间背景动作。

①单击"开始"按钮■，游戏开始。

②舞台每隔 1 秒，它的颜色特效先增加 10，然后恢复原样，舞台一闪一闪的，状态切换显示。

（3）小猫角色动作。

①单击"开始"按钮■，游戏开始。

②将小猫的旋转方式设置为任意旋转。

③小猫面向老鼠。

④在 1 秒内滑行到（x，y）位置。

⑤如果小猫抓到老鼠时，说"抓到了！"，如图 4-2 所示，并发出声音 meow（Scratch 自带声音库），停止全部脚本，游戏结束。

（4）老鼠角色动作。

①单击"开始"按钮■，游戏开始。

②老鼠跟随鼠标指针移动。

③并且老鼠的尾巴要朝向小猫。

④重复以上步骤。

下面按照游戏设计的 5 个步骤来设计该游戏。

STEP ❶ 构思游戏场景，进行游戏元素分解。

观看游戏视频后，可以发现，舞台区是一个房间背景图片，舞台背景有一闪一闪的变化，如图 4-3 所示；其中还有小猫和老鼠两个运动物体，因此它们应该作为角色进行创建，如图 4-4 所示。

图 4-2　猫抓老鼠游戏场景分析

图 4-3　房间背景

小猫角色　　　　　　老鼠角色

图 4-4　创建两个角色

根据题目要求和以上分析，将本案例游戏的元素分解，如表 4-1 所示。

表 4-1　猫抓老鼠游戏元素分解表

对象类别	具体对象	声音	动作
背景原型	房间背景	无	颜色变化闪动
角色原型	小猫	当抓到老鼠时发出叫声	面向老鼠并跟随移动； 当抓到老鼠时说"抓到了！"
	老鼠	无	跟随鼠标位置移动； 尾部朝向小猫

STEP ② 　绘制背景原型。

本案例采用 Scratch 3.0 自带的背景库创建舞台背景，因此在舞台区右下方选择"舞台"，单击右下角的 图标，选择"选择一个背景"选项，在系统背景库中选择"Room2"图片来创建舞台背景，如图 4-5 所示。

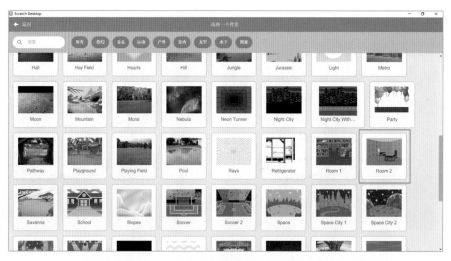

图 4-5　在 Scratch 系统自带的背景库中选择 Room 2 背景

STEP 8　绘制角色原型、角色造型、角色声音。

本案例的角色也是采用 Scratch 3.0 自带的角色库进行创建的，因此在角色区单击 ● 按钮，选择"选择一个角色"选项，在角色库中选择"Cat 2"图片作为小猫角色；然后选择"Mouse1"图片作为老鼠角色，具体如图 4-6 所示。

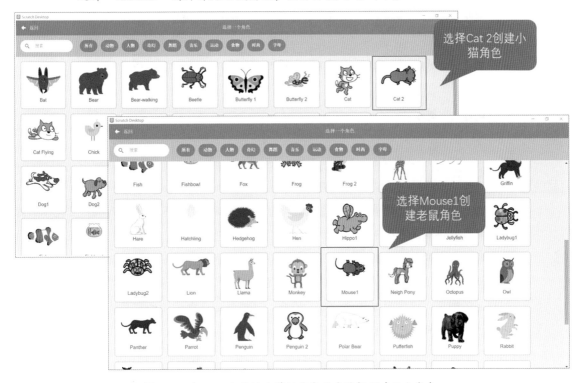

图 4-6　在 Scratch 系统自带的角色库中选择创建两个角色

首先，在角色区选中小猫角色，然后在小猫角色的声音列表区下方单击 ● 按钮，选择"Meow"声音创建小猫的叫声，如图 4-7 所示。

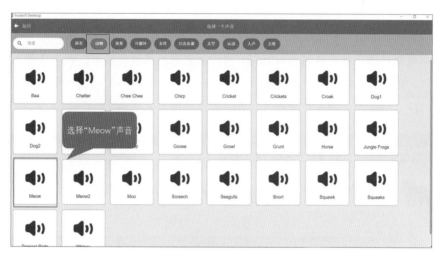

图 4-7　在 Scratch 系统自带的声音库中选择 "Meow" 声音

STEP 4　设计程序流程图，编辑代码，调试程序。

根据以上步骤，把背景和角色都创建好，接下来编写背景和角色的代码。首先根据题目要求和游戏元素分解表分别画出每个角色的程序流程图，然后在积木列表区找到对应的积木来编写代码。

下面分析一下房间背景的流程图。根据题目提示，舞台背景一闪一闪的，可以让舞台颜色不断变化以达到这样的效果。因此，可以画出舞台背景的程序流程图，并找到对应的积木代码进行编程，如图 4-8 所示。

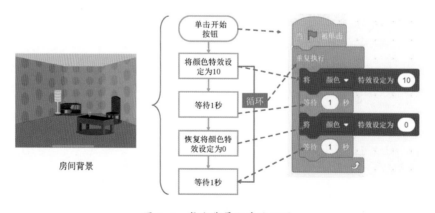

图 4-8　舞台背景程序流程图

然后编写小猫角色的代码，小猫是跟随老鼠移动的，而老鼠是跟随鼠标移动的。因此，可以认为小猫是跟随鼠标移动的，并且小猫也是面向老鼠的，如果碰到老鼠，就会发出声音，并结束该游戏。这是游戏的终结点，此时应该用"停止全部脚本"的积木代码，因此可以画出小猫程序流程图，并找到对应的积木代码进行编程，如图 4-9 所示。

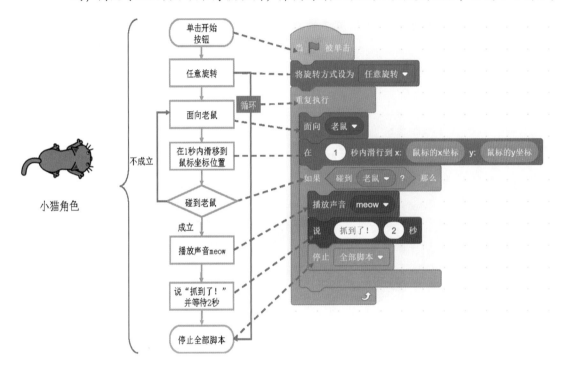

图 4-9　小猫角色程序流程图

最后，编写老鼠角色的代码，老鼠是跟随鼠标不断移动的，由于要让老鼠跟随鼠标，并且题目要求老鼠的尾巴要朝向小猫，因此可以画出老鼠程序流程图，并找到对应的积木代码进行编程，如图 4-10 所示。在运行程序时可以发现，如果选择"面向小猫"这个积木，舞台区的小猫和老鼠是同一个方向，如图 4-11 所示。此时没有发现有其他可以让老鼠尾巴朝向小猫的积木代码。因此换一个思路，在老鼠角色的造型区，让老鼠角色的造型方向调换位置，如图 4-12 所示，然后使用相同的"面向小猫"这个积木，此时会发现，老鼠的头部在跟随鼠标位置移动，而尾巴是朝向小猫的，这样就达到题目要求了，最终效果如图 4-13 所示。

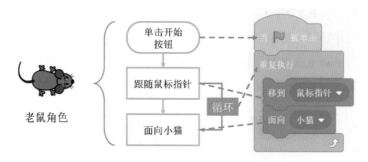

图 4-10　老鼠角色程序流程图

图 4-11　老鼠头部面向小猫

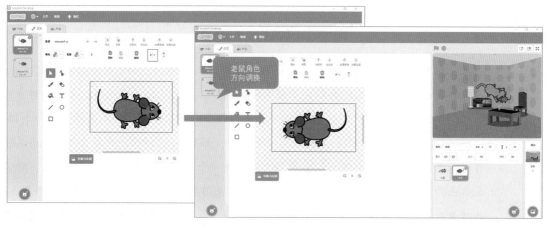

图 4-12　老鼠角色造型方向调换

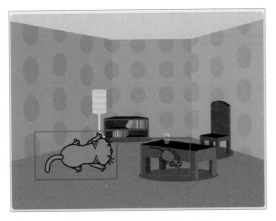

图 4-13　老鼠尾巴朝向小猫

STEP **5**　文件保存输出，完成游戏制作。

这一步和前面动画制作的步骤一样，在 Scratch 3.0 软件的菜单栏中对调试好的文件进行保存输出，如图 4-14 所示。

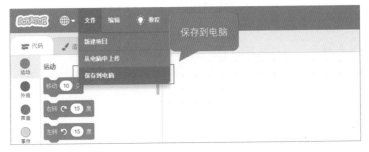

图 4-14　保存文件到电脑

4.3　案例 2：托板球游戏

在开始本案例学习前，仍然先观看本案例提供的托板球游戏视频素材，然后看一下编程题目的具体要求。

【编程题】下面看一个托板球游戏的动画，然后通过 Scratch 3.0 制作出这个游戏，具体要求如下。

（1）本案例需要创建一个有粉红色地板的背景，创建小球和托板两个角色，如图 4-15 所示。本案例未提供素材，所有背景和角色的创建均可在 Scratch 自带的各类库中选择创建或绘制创建。

（2）小球角色动作。

① 按 "Space" 键，小球移到初始位置（x=0，y=160），并面向随机方向（135°～225°）。

② 小球移动 15 步。

③ 如果小球碰到边缘就反弹。

④ 如果小球碰到托板，那么小球面向随机方向（-30°～30°），会发出 pop 声音（Scratch 自带声音库）。

⑤ 如果小球碰到粉色地板，则小球显示对话框 "GAME OVER！"，并发出 Drip Drop 声音（Scratch 自带声音库），直到声音播放结束为止，然后停止全部脚本。

⑥ 重复第②～⑤步。

（3）托板角色动作：

按 "Space" 键，托板随时可以跟随鼠标在 y=35 水平高度左右移动，不能上下移动。

下面按照游戏设计的 5 个步骤来设计该游戏。

STEP 1　构思游戏场景，进行游戏元素分解。

观看游戏视频后，可以发现，有一个静止的粉色地板背景，如图 4-16 所示。有小球和托板两个运动物体，因此小球和托板应该作为角色进行创建，如图 4-17 所示。

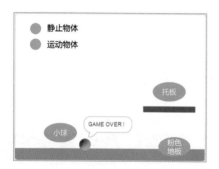

图 4-15　托板球游戏场景分析

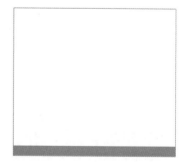

图 4-16　粉色地板背景

图 4-17　小球和托板两个角色

根据以上分析，将本案例游戏的元素进行分解，如表 4-2 进行。

表 4-2 托板球游戏元素分解表

对象类别	具体对象	声音	动作
背景原型	粉色地板背景	无	无
角色原型	小球	碰到托板发出 pop 声； 碰到粉色地板发出 Drip Drop 声	碰到舞台边缘反弹； 碰到托板随机方向反弹； 碰到粉色地板显示"GAME OVER!"
	托板	无	跟随鼠标位置水平移动

STEP 2 绘制背景原型。

本案例没有提供背景素材，因此在舞台区右下方选择"舞台"，单击右下角的 ⬛ 按钮，选择"绘制一个背景"选项，在背景区绘制一个粉色的矩形在舞台区下方，其颜色可以根据调色板进行选择，如图 4-18 所示。

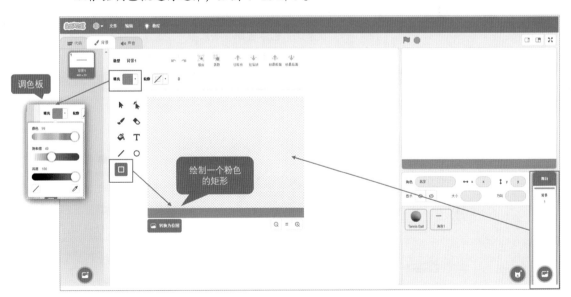

图 4-18 绘制舞台背景

STEP 3   绘制角色原型、角色造型、角色声音。

在角色区单击 ⊙ 按钮，选择"选择一个角色"选项，在系统自带的角色库中选择一个网球作为小球角色，如图 4-19 所示；然后选择"绘制一个角色"选项，单击造型区绘制一个紫色的托板角色，如图 4-20 所示。

图 4-19　在系统角色库选择小球角色

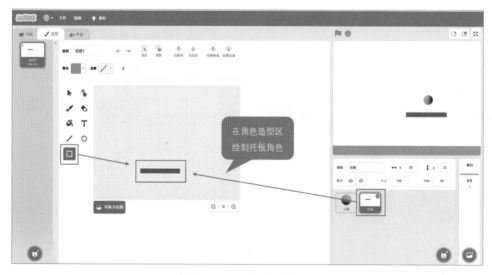

图 4-20　绘制托板角色

STEP 4 设计程序流程图，编辑代码，调试程序。

根据题目要求和游戏元素分解表分别画出每个角色的程序流程图。小球角色的动作比较多，小球初始和碰到东西时都需要移动 15 步，碰到东西有 3 种情况：第 1 种是碰到舞台上、左、右三边的边缘会不断反弹，游戏继续；第 2 种是碰到托板时也会反弹，游戏继续；第 3 种是碰到粉色地板时不反弹，并且游戏结束。因此需要循环该反弹动作，并且将 3 种情况都包含在内，通过侦测类积木 碰到 托板 ? 碰到颜色 ? （图 4-21）来判断不同的情况，如果没有遇到这两种情况，就循环移动 15 步和碰到边缘就反弹，可以在运动类积木中找到相关动作的积木，程序流程图和代码如图 4-22 所示。

图 4-21　侦测类"碰到颜色"积木选择颜色

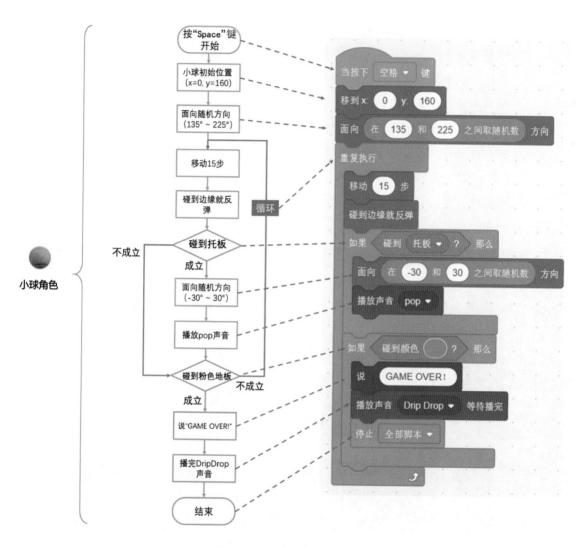

图 4-22　小球角色程序流程图

托板角色的动作比较简单，仅仅在一个水平位置跟随鼠标的 x 坐标进行移动。因此，在创建托板角色时，就将 y 坐标标识固定在 35，如图 4-23 所示，然后通过编写积木代码让托板的 x 坐标跟随鼠标的 x 坐标反复移动，再加上一个循环控制即可，具体程序流程如图 4-24 所示。

图 4-23　托板角色 y 坐标固定

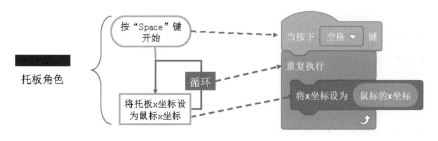

图 4-24　托板角色程序流程图

STEP 5　文件保存输出，完成游戏制作。

这一步与之前的步骤一样，在 Scratch 3.0 软件的菜单栏中对调试好的文件进行保存输出，如图 4-25 所示。

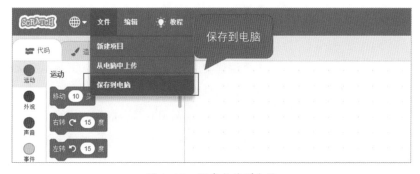

图 4-25　保存文件到电脑

课后思考题 托板球游戏难度升级

本案例的托板球游戏比较简单，为了给游戏增加难度，在中间位置加了一块可以旋转的挡板，如图 4-26 所示，挡板如果被小球碰到，就改变挡板角度，直到小球落地游戏结束为止。根据以上要求，同学们思考一下托板球游戏的升级版该怎样编写。

图 4-26　保存文件到电脑

4.4 案例 3：空战

下面学习 Scratch 3.0 游戏制作的第 3 个编程案例——空战。首先，下载本案例素材，并观看本案例提供的视频素材，然后看一下编程题目的具体要求。

【编程题】本案例游戏有一架战斗机和两架敌机，敌机在舞台的右侧边缘出现，并且从右侧向左侧飞；战斗机在舞台左侧边缘跟随鼠标上下飞行，左右不能移动；当单击鼠标时，战斗机发出一个炮弹，若炮弹击中敌机，则敌机爆炸；若战斗机和敌机相撞，则两个飞机都爆炸，游戏结束。根据游戏素材的视频动画和上述内容描述，通过 Scratch 3.0 制作出这个空战游戏，具体要求如下。

（1）本案例需选取 Scratch 3.0 自带的 "Blue Sky 2" 蓝色背景，根据本书提供的素材库创建战

斗机、敌机 1、敌机 2 和子弹 4 个角色。

（2）战斗机角色动作。

①单击"开始"按钮█，游戏开始。

②战斗机角色初始造型为 1。

③战斗机在（x, y）位置移动，其中 x=−180，y 为鼠标 y 坐标；

④若战斗机碰到敌机，则造型换成 2，并且说"GAME OVER!"延迟 3 秒，同时播放"Drip Drop"声音，停止全部脚本，游戏结束。

（3）敌机 1 角色动作。

①单击"开始"按钮█，游戏开始。

②敌机初始隐藏，且初始造型设为 1。

③随机等待 1~3 秒，敌机初始位置移到（x, y），其中 x=230，y 取 −140~140 之间的随机数，此时敌机显现在舞台上。

④敌机从右向左循环移动 5 步飞行，直到碰到舞台边缘，或者碰到战斗机或炮弹为止，停止飞行。

⑤若飞行过程中敌机碰到战斗机或炮弹，则切换成造型 2，并且播放"Drum Boing"声音，等待 0.5 秒后消失。

（4）敌机 2 角色动作：与敌机 1 完全相同。

（5）炮弹角色动作。

①单击"开始"按钮█，游戏开始。

②炮弹初始隐藏。

③若单击鼠标，则显示炮弹，并且移到初始位置（x, y），其中 x=−180，y 为战斗机 y 坐标。

④炮弹向前循环移动 10 步飞行，直到碰到舞台边缘或敌机为止，停止飞行。

⑤等待 0.3 秒后炮弹消失。

下面按照游戏设计的 5 个步骤来设计该游戏。

STEP 1　构思游戏场景，进行游戏元素分解。

观看游戏视频后，可以发现，除了一个蓝色的背景外，在动画中还有 3 架飞机，如图 4-27 所示。其中，一架战斗机，两架敌机，由战斗机发出炮弹，若炮弹打中敌机则敌机爆炸，敌机是重复出现的；若战斗机和敌机相撞，则游戏结束，这里的 3 架飞机和炮弹都是运动的物体，因此它们应该作为角色进行创建，如图 4-28~ 图 4-31 所示。根据以上分析，将游戏中元素进行分解，如表 4-3 所示。

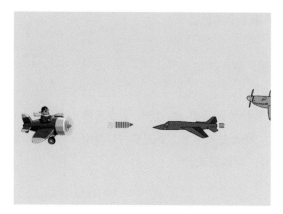

图 4-27 空战游戏场景分析

图 4-28 战斗机角色的两种造型

图 4-29 敌机 1 角色的两种造型

图 4-30 敌机 2 角色的两种造型

图 4-31　炮弹角色

表 4-3　空战游戏元素分解表

对象类别	具体对象	声音	动作
背景原型	蓝色背景	播放声音	无
角色原型	战斗机	碰到敌机播放 "Drip Drop"	在舞台左边垂直上下移动；碰到敌机说 "GAME OVER!"
	敌机 1	碰到炮弹播放 "Drum Boing"	显现；由右向左飞行；碰到舞台边缘，或者碰到战斗机或炮弹为止，停止飞行；如果飞行过程中，敌机碰到战斗机或炮弹，由正常造型 1 切换为爆炸造型 2；消失
	敌机 2	同上	同上
	炮弹	碰到敌机发出爆炸声音	显现；单击鼠标，与战斗机水平方向一致飞行；碰到舞台边缘或敌机则停止飞行；消失

STEP ❷　绘制背景原型、背景声音。

　　本案例采用 Scratch 3.0 自带的背景库进行舞台背景创建，因此在舞台区右下方选择"舞台"，单击右下角 ▣ 图标，选择"选择一个背景"选项，在系统背景库中选择"Blue Sky 2"图片来创建舞台背景，如图 4-32 所示。然后单击声音区左下方的 ◀ 图标，选择"选择一个声音"选项，在 Scratch 3.0 自带的声音库选择"Dance Magic"声音作为舞台背景声音，如图 4-33 所示。

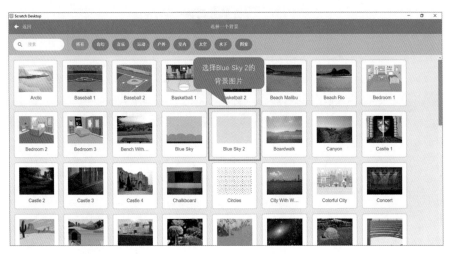

图 4-32　在 Scratch 系统背景库选择 "Blue Sky 2" 背景图片

图 4-33　在 Scratch 3.0 系统声音库选择 "Dance Magic" 声音

本案例中采用舞台背景声音 "Dance Magic" 作为始终贯穿在游戏中的声音，为了不覆盖游戏特效的一些声音，游戏背景声音需要小一些。因此，这里对声音进行了编辑，把声音调小一些，如图 4-34 所示。

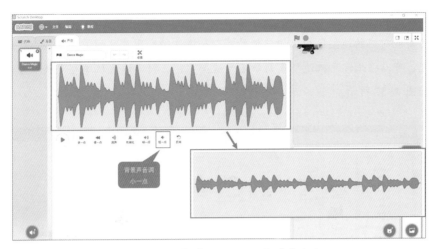

图 4-34　调节"Dance Magic"声音大小

STEP 3　绘制角色原型、角色造型、角色声音。

本案例采用本书提供的素材库中的图片来创建 3 种飞机和炮弹的角色，因此要先下载好素材，然后在 Scratch 软件的角色区中单击 🐱 按钮，选择"上传一个角色"选项，从自己的电脑中上传一个"战斗机"图片作为战斗机角色，上传一个"敌机 1"图片作为敌机 1 角色，上传一个"敌机 2"图片作为敌机 2 角色，最后上传"炮弹"图片作为炮弹角色，如图 4-35 所示。

图 4-35　上传角色图片创建 4 个角色

此外，战斗机、敌机 1 和敌机 2 这 3 个角色还有第二个造型图片，因此在已经创建好的角色对应的造型区中上传它们的第二个爆炸造型图片，如图 4-36 所示。为了便于记忆，可以将正常飞机造型重新命名为造型"1"，将爆炸飞机造型重新命名为造型"2"，如图 4-37 所示。

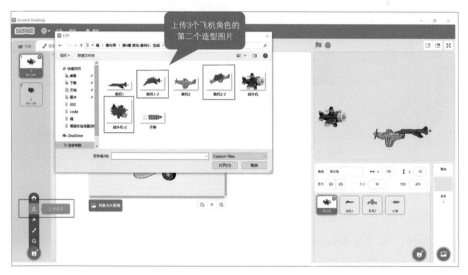

图 4-36　上传 3 个飞机角色的第二个造型图片

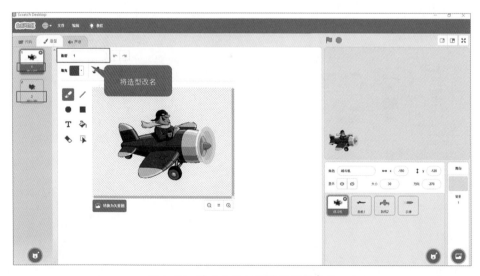

图 4-37　将 3 个飞机的造型重新命名

STEP ④ 设计程序流程图，编辑代码，调试程序。

首先，观察战斗机角色的动作，其初始造型 1 是一个正常飞机的状态，它是在某一个垂直方向跟随鼠标上下移动，当与敌机相撞时它就会触发造型 2，即爆炸的造型，然后显示游戏结束的语句 "GAME OVER!" 和播放游戏结束的音乐 "Drip Drop"，此时游戏结束。也就是说，战斗机与敌机 1 或敌机 2 相撞，就是游戏的终点，因此在终点一定有一个 停止 全部脚本 ▾ 的积木。根据以上对战斗机角色动作的分析，可以画出战斗机角色的程序流程图，如图 4-38 所示。

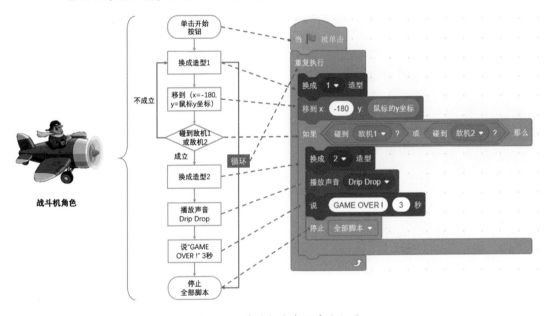

图 4-38　战斗机角色程序流程图

然后，观察敌机的动作。题目已经提示，敌机 1 和敌机 2 的动作是完全相同的，因此只需写出一个敌机角色的程序流程图即可。

该游戏直接上传的造型图片，战斗机角色的机头是朝向右边的，敌机角色的机头是朝向左边的，如图 4-39 所示。而根据题目要求和游戏视频观察，可以知道战斗机机头是面向右边的，与战斗机上传的角色造型相符。因此，战斗机角色的造型方向默认为90°，无须调整；而敌机是从舞台的右侧出现，由右边向左边飞，为了调整敌机的飞行方向，需要将敌机角色的造型方向设定为 -90°，如图 4-40 所示。

图 4-39　角色上传造型方向

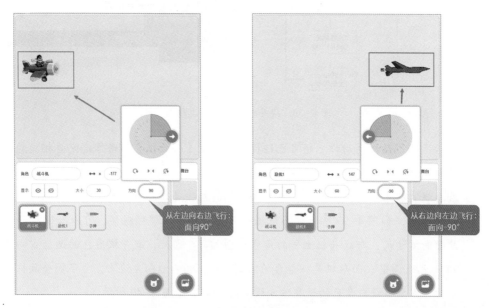

图 4-40　角色造型调整飞行方向

调整敌机方向后，发现敌机的机头朝向右边了，并且飞机的机身也颠倒过来了，为了使敌机的造型方向与游戏视频中的方向一致，可以通过造型区中的编辑器来调整敌机的造型，单击　　按钮，可以将敌机的方向与游戏视频中的方向调整一致，如图 4-41所示。

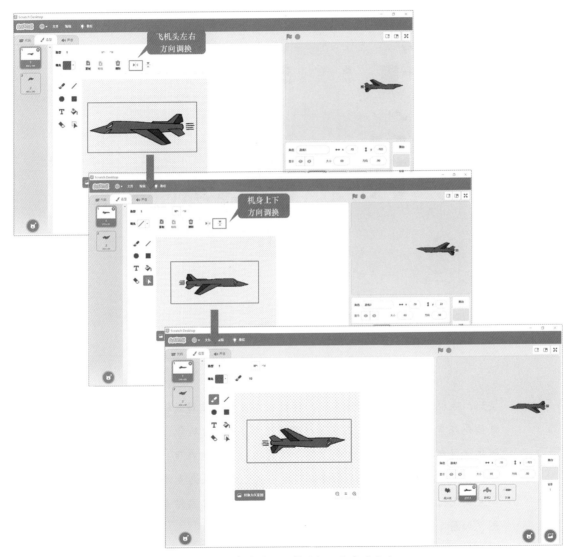

图 4-41　在造型区调整敌机 1 角色的方向

按照以上步骤调整后，再来设置敌机的造型中心点，如图 4-42 所示。因为每次敌机都要从舞台边缘飞出来，所以将敌机的尾部设定为造型的中心点，可以将敌机想象成只有一个小点在尾部，这样每次敌机出现在舞台区时，可以完整地将机身在舞台区展现，而敌机的机身是不影响飞行动作的。

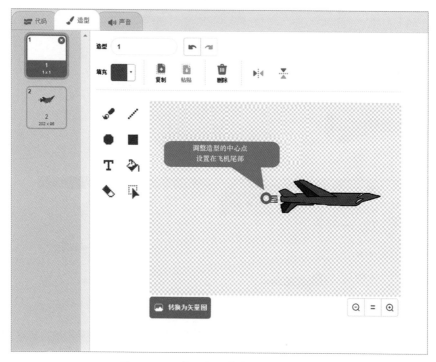

图 4-42　调整敌机 1 角色的造型中心点

至此，敌机造型的基本设计完成，再根据题目要求编写敌机角色的程序流程图。敌机开始是在舞台上隐藏的，正常飞行都是造型 1，然后从舞台右侧边缘向左侧飞行，是随机出现在右侧边缘垂直方向上某个位置的；若敌机在飞行过程中遇到炮弹，则切换成造型 2，若没有碰到炮弹或撞击到战斗机，或者碰到左侧的舞台边缘，则可以一直向左侧飞行。根据以上动作分析和题目给出的一些参数信息，画出敌机角色程序流程图，如图 4-43 所示。

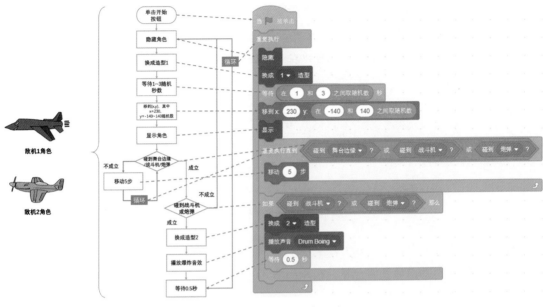

图 4-43　敌机 1/ 敌机 2 角色程序流程图

　　其次，编写炮弹角色的程序流程图。炮弹角色的动作比较简单，炮弹开始在舞台上是看不见的，只有单击鼠标时战斗机发射炮弹，炮弹才显现，并且炮弹角色是在战斗机水平方向发射的，当炮弹碰到敌机或舞台边缘时消失，否则，不断向前移动。根据以上分析，可以画出炮弹角色的程序流程图，如图 4-44 所示。

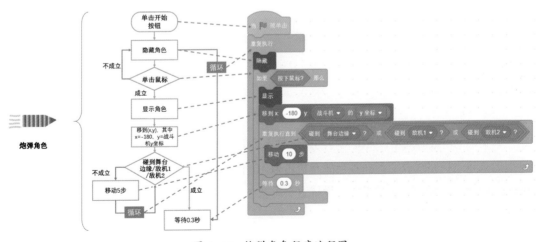

图 4-44　炮弹角色程序流程图

可以发现，游戏始终都有一个背景音乐，该背景音乐是循环播放的，直到游戏结束才停止播放。在开始设定背景声音时，在 Scratch 自带的声音库中选择"Dance Magic"声音作为游戏背景声音，因此可以在舞台区编写代码，舞台背景的程序流程图和代码如图 4-45 所示。

图 4-45　舞台背景程序流程图

STEP 5　文件保存输出，完成游戏制作。

这一步与之前的步骤一样，在 Scratch 3.0 软件的菜单栏中对调试好的文件进行保存输出，如图 4-46 所示。

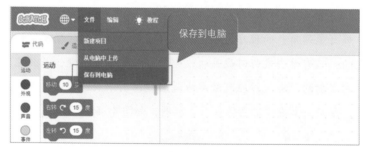

图 4-46　保存文件到电脑

课后思考题 空战游戏难度升级

本案例的空战游戏中，飞机飞行的路线是水平的直线，没有变化，因此游戏难度较低，如果将飞机路线改变，并且当战斗机击败 10 个敌机时，加快敌机的飞行速度，如图 4-47 所示。根据以上要求重新设计这个游戏。

图 4-47　空战升级版游戏示意图

4.5　本章小结

本章通过 3 个案例介绍了游戏制作的 5 个基本步骤，具体如图 4-48 所示。从内容上看，游戏制作和动画制作的步骤类似。

1. 构思场景	构思游戏场景，进行游戏元素分解。
2. 背景制作	绘制背景原型、背景声音。
3. 角色制作	绘制角色原型、角色造型、角色声音。
4. 代码设计	设计程序流程图，编辑代码，调试程序。
5. 文件输出	文件保存输出，完成游戏制作。

图 4-48　游戏设计的 5 个步骤

本章还介绍了游戏设计的一些最常见的交互积木，如跟随鼠标移动到（x，y）位置，单击鼠标等。其中，案例 3 重点介绍了游戏造型的方向设置、造型中心的设置，这些与游戏都是密切相关的。在案例 2 和案例 3 后提出了两个课后思考题，这两个思考题用于提升游戏难度，因为游戏总是存在关卡，每道关卡都是不断升级的，所以游戏设计的关键在于每个关卡难度的设计。同学们可以自己思考一下，怎样才能设计出更有难度的游戏关卡。

第5章

Scratch 3.0 数学编程

Scratch 3.0 除了可以制作动画片、设计小游戏外，还有一个非常有用的功能，即通过编程的方式制作数学计算工具。因为 Scratch 是编程软件，而计算机编程的本质就是为了实现计算。数学计算工具是为了解决某一类特定的数学问题，如生活中常见的计算器，就是一种解决数学基础运算的计算工具，在计算器中输入相应的值，计算器就会根据数学计算逻辑计算出结果。这种有明确输入输出的交互工具就是数学计算工具。

本章涉及很多 Scratch 3.0 编程外的数学、物理知识，是将 Scratch 3.0 编程实际应用在平时所学的数学、物理等科目中，学习本章之前要先确保自己懂得这些数理知识。本书选中的都是小学或初中的数学、物理题，如果已经学过这些知识，可以复习一下；否则，需要自己学习或请教老师、家长。

下面看一下在平时所学的数学、物理题中，是怎样用 Scratch 3.0 编程软件来解决这些问题的。

5.1 数学编程基本步骤

数学编程的一般步骤与动画制作、游戏设计类似，也是分为 5 个步骤，最终形成一个计算界面。数学编程与动画制作和游戏设计的不同主要是步骤 4，具体如图 5-1 所示。因为数学编程题一般需要创建大量的角色变量，用于存储临时计算的信息，后续讲到具体案例时会介绍计算机变量的相关知识。

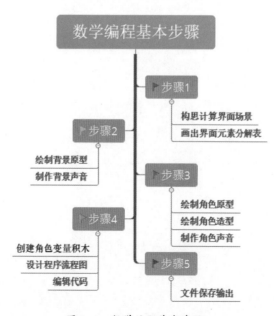

图 5-1　数学编程基本步骤

5.2 案例1：几何图形面积计算

计算物体的面积是数学中最常见的问题，小学至初中的同学应该都学过。首先复习一下三角形和矩形的面积公式，如图 5-2 和图 5-3 所示。

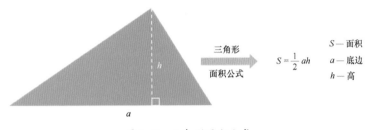

图 5-2 三角形面积公式

图 5-3 矩形面积公式

下面看一下本案例的编程题目要求。

【编程题】根据本案例提供的素材和要求，编写一个计算三角形和矩形面积的小程序，输入对应的长、宽、高等变量，输出三角形或矩形的面积值，具体如下。

（1）创建一个蓝色背景和 3 个按钮角色，如图 5-4 所示。

图 5-4 界面效果图

（2）按钮 1 "计算三角形面积" 角色动作。

① 单击按钮 1，询问 "输入三角形底边 a"，弹出输入对话框，在对话框中输入底边 a。

② 按 "Enter" 键确认后，询问 "输入三角形高 h"，弹出输入对话框，在对话框输入高 h。

③ 按 "Enter" 键确认后，显示三角形面积答案。

（3）按钮 2 "计算矩形面积" 角色动作。

① 单击按钮 2，询问 "输入矩形的长 a"，弹出输入对话框，在对话框中输入长 a。

② 按 "Enter" 键确认后，询问 "输入矩形的宽 b"，弹出输入对话框，在对话框中输入宽 b。

③ 按 "Enter" 键确认后，显示矩形面积答案。

（4）按钮 3 "停止计算" 角色动作。

只要单击按钮 3，就停止全部脚本的计算。

（5）单击任意一个按钮的重新计算或停止计算时，面积变量 S 中的值恢复为 0。

数学编程案例也可以按照一定的步骤进行设计，以本案例为例，可以按照以下 5 个步骤进行设计。

STEP ❶ 构思计算界面场景，写出界面元素分解表。

根据题目要求，将计算界面的元素分解，如表 5-1 所示。

表 5-1 界面元素分解表

对象类别	具体对象	声音	动作
背景原型	蓝色背景及文字标题	无	无
角色原型	按钮 1 "计算三角形面积"	无	依次询问输入 a、h
	按钮 2 "计算矩形面积"	无	依次询问输入 a、b
	按钮 3 "停止计算"	无	停止计算

STEP ❷ 绘制背景原型、背景声音。

背景是一个没有任何交互的静态页面，如本案例中的蓝色背景，可以通过在 Scratch 自带的背景库中选择 "Blue Sky 2" 选项进行创建，如图 5-5 所示。另外，在蓝色背景的上方有 "几何图形面积计算" 文本，在中央区有 "S=" 文本，这些都是静态的，需要在背景区中创建好，如图 5-6 所示。

图 5-5　创建一个蓝色背景

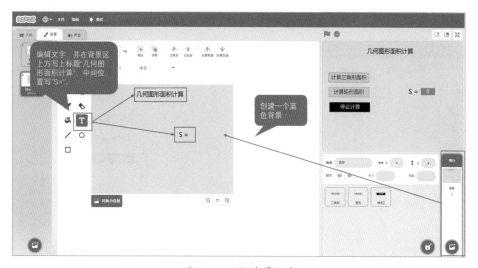

图 5-6　编辑背景文字

STEP 3　绘制角色原型、角色造型、角色声音。

本案例中有 3 个按钮是有交互动作的，因此将这 3 个按钮作为角色来创建，下面通过角色编辑区分别绘制 3 个按钮，如图 5-7 所示。如果按钮不在合适的位置，可以直接拖动舞台中的按钮，将其调整到合适的位置，如图 5-8 所示。

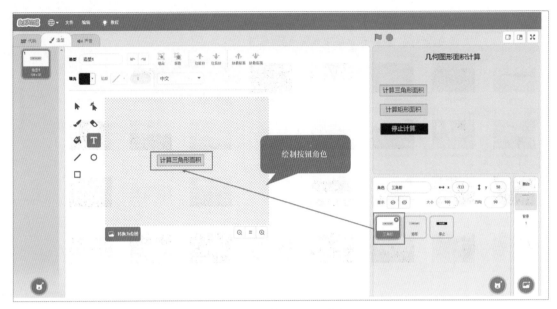

图 5-7　创建 3 个按钮角色

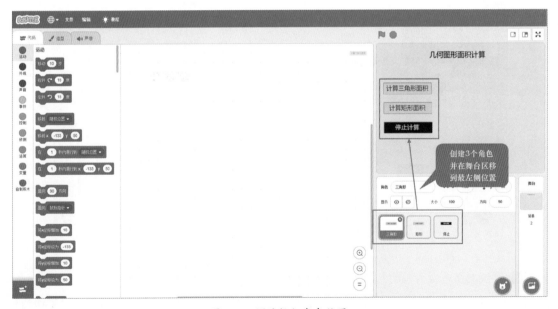

图 5-8　调试按钮角色位置

在设计本案例代码之前，首先学习一个扩展的知识点——计算机中的"变量"。变量是一个计算机名词，它来源于数学，是计算机语言中能储存计算结果或能表示值的抽象概念。在指令式语言中，变量通常是可变的。当创建一个变量名称时，计算机程序会开辟一块内存。计算机的内存（Memory）也称为内存储器，是用来存储程序和数据的部件，用于暂时存放 CPU 中的运算数据，以及与硬盘等外部存储器交换的数据。区域存储它，同时给该内存区域一个变量名称，创建后只需使用变量名即可获取变量中的数值，具体如图 5-9 所示。

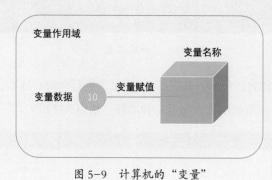

图 5-9　计算机的"变量"

1. 变量名称

首先，必须给变量取一个合适的名称，就好像每个人都有自己的名字一样，否则它们将难以区分。给变量命名的过程，可以称为"声明变量"。在 Scratch 中，可以找到变量积木的类型，单击"建立一个变量"按钮，弹出"新建变量"窗口，在"新变量名"文本框中输入名称，目前 Scratch 支持用英文、数字、汉字等命名，且变量名在有效范围内必须是唯一的。

2. 变量作用域

其次，变量有一定的使用范围，也称为"变量的作用域"。在 Scratch 的"新建变量"窗口中选择"适用于所有角色"或"仅适用于当前角色"两个选项，如图 5-10 所示，其含义是变量的作用范围。如果新建的变量在每个角色中都出现，就选择"适用于所有角色"选项；如果新建的变量只在当前角色中出现，是该角色特有的一个变量，就选择"仅适用于当前角色"选项。

图 5-10　"新建变量"窗口

选中的变量积木会在舞台区显示，如图 5-11 所示。并且在舞台区右击变量，可以选择变量在舞台区显示的 3 种效果：正常显示、大字显示和滑杆，如图 5-12 所示。

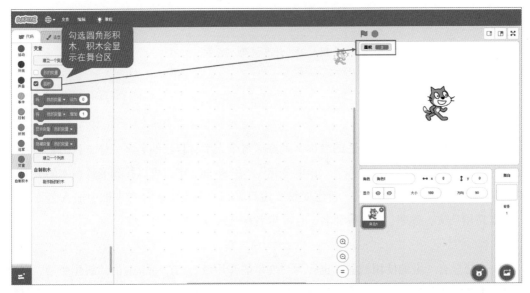

图 5-11　选中变量在舞台区显示

图 5-12　改变选中变量的显示效果

3. 变量赋值

对已经声明的变量，需要给其赋值，可以采用变量中自带的积木 `将 我的变量 ▾ 设为 0` 和 `将 我的变量 ▾ 增加 1`，也可以对变量进行赋值，这两个积木可以切换变量并赋值，如图 5-13 所示。

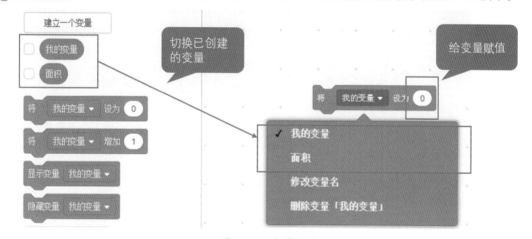

图 5-13　变量赋值

4. 变量数据类型

在 Scratch 中，变量的数据类型有 3 种：数值型变量、字符串型变量、布尔型变量，如图 5-14 所示。

① 数值型变量：指说明事物数字特征的一个名称，其取值为数值型数据。例如，"产品产量""商品销售额""零件尺寸""年龄""时间"等都是数值型变量，这些变量可以取不同的数值。

②字符串型变量：指由数字、字母、下画线组成的一串字符，如"abc""a1a2"等。

③布尔型变量：指有两种逻辑状态的变量，包含真（true）和假（false）两个值。

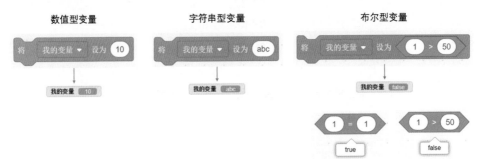

图 5-14　变量数据类型

STEP 4　创建角色变量，设计程序流程图，编辑代码，调试程序。

学习了变量的知识点，再来看本案例的代码设计，由于本案例中每个几何图形的公式都存在可以变化的量，如三角形的底边、高和面积，矩形的长、宽和面积，因此可以用"变量"来存储这些变化的数值，如图 5-15 所示。下面首先创建 3 个角色按钮的变量。

①由于三角形面积公式中有面积 S、底边 a、高 h 3 个变量，因此按钮 1"计算三角形面积"需要创建这 3 个变量。

②由于矩形面积公式中有面积 S、长 a、宽 b 3 个变量，因此按钮 2"计算矩形面积"需要创建这 3 个变量。

③由于单击按钮 3"停止计算"需要重新将"面积"值归零，因此按钮 3"停止计算"需要创建一个"面积"变量。

综上所述，可以发现"面积"变量在每个角色中都出现了，因此可以将"面积"设定为"适用于所有角色"，只要创建一次，在每个角色中都会出现"面积"变量，无须重复创建。而其他归属于单个角色的变量，在创建变量时则选择"仅适用于当前角色"选项。选中"面积"积木，舞台区显示"面积"变量，在其上右击，选择"大字显示"选项，如图 5-16 所示。

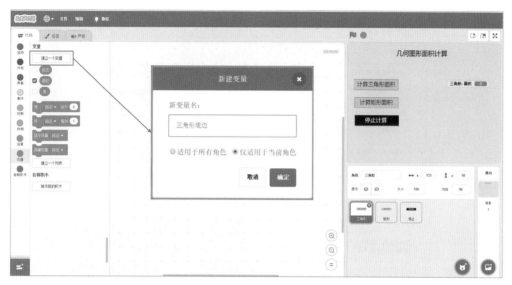

图 5-15　新建角色的变量

图 5-16　选中变量积木

下面开始编辑 3 个按钮的程序代码，首先根据题目要求画出每个按钮角色的程序流程图，并找到对应的代码进行编辑，如图 5-17 ~ 图 5-22 所示。

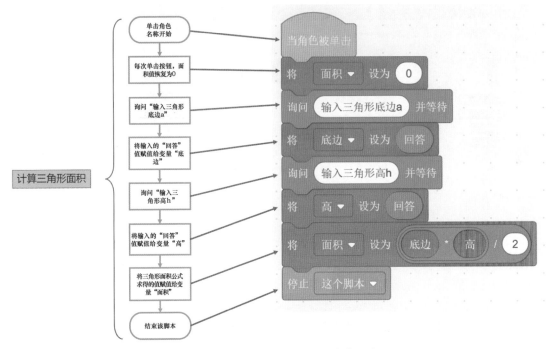

图 5-17　按钮 1 "计算三角形面积"角色程序流程图

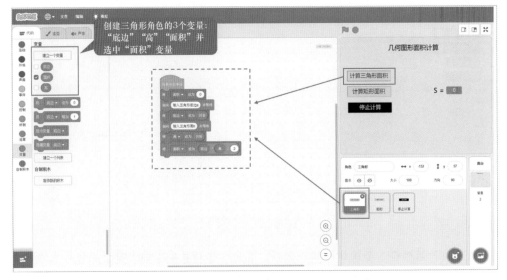

图 5-18　编辑按钮 1 "计算三角形面积"角色程序代码

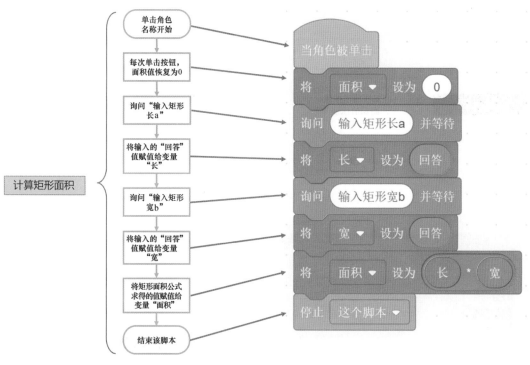

图 5-19　按钮 2 "计算矩形面积"角色程序流程图

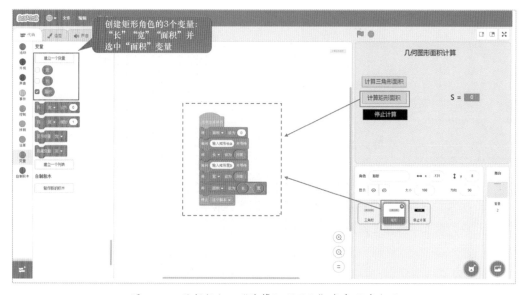

图 5-20　编辑按钮 2 "计算矩形面积"角色程序代码

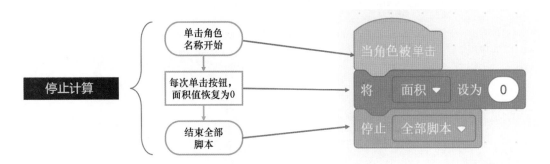

图 5-21　按钮 3 "停止计算" 角色程序流程图

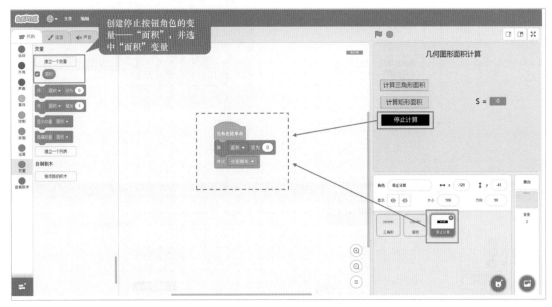

图 5-22　编辑按钮 3 "停止计算" 角色程序代码

设计并编辑完成 3 个按钮角色的程序流程图后，可以单击舞台区右上方的放大按钮，放大舞台区进行代码调试，单击按钮，输入相应的值并查看计算面积的结果，如果正确，就表示程序已经编辑好，如图 5-23 所示。

图 5-23　调试程序

STEP 5 　文件保存输出，完成计算界面制作。

与之前的案例一样，最后在 Scratch 3.0 软件的菜单栏对调试好的文件进行保存输出，如图 5-24 所示。

图 5-24　保存文件到电脑

课后思考题 扩展其他几何图形计算

本案例中，把三角形和矩形的面积通过编写的一个小程序进行计算，接下来请同学们思考：如果将你所学过的其他几何图形都加入这个程序中（图 5-25 所示为圆的面积公式，图 5-26 所示为梯形的面积公式），该如何扩展程序的计算能力，使它可以计算其他几何图形的面积。

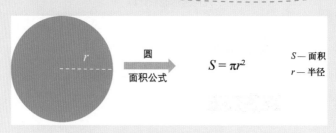

图 5-25　圆面积公式

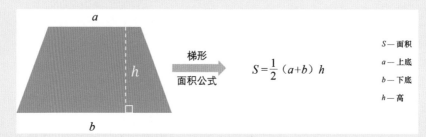

图 5-26　梯形面积公式

新增其他面积计算的界面可参考图 5-27。

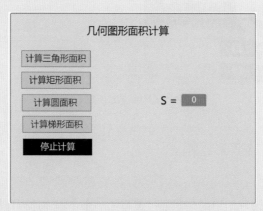

图 5-27　新增其他面积计算

5.3 案例 2：求解方程

一元二次方程是指只含有一个未知数（一元），并且未知数项的最高次数是 2（二次）的整式方程。一元二次方程经过整理可转换为一般形式 $ax^2+bx+c=0 (a \neq 0)$。其中，ax^2 为二次项，a 是二次项系数；bx 为一次项，b 是一次项系数；c 为常数项，一元二次方程通常有两个解 x_1 和 x_2，它们也称为方程的两个根。方程的根通常有以下两种情况。

① 如果判别式 $b^2 - 4ac \geqslant 0$，求解通用公式为：

$$x_1 = \frac{-b+\sqrt{b^2-4ac}}{2a}$$

$$x_2 = \frac{-b-\sqrt{b^2-4ac}}{2a}$$

② 如果判别式 $b^2 - 4ac < 0$，方程无解。

本案例的编程题目要求如下。

【编程题】编写一个自动计算一元二次方程的程序，输入一元二次方程二次项系数 a，一次项系数 b，常数项 c，自动计算出方程的两个根 x_1 和 x_2，具体要求如下。

（1）创建一个黑板背景，由本书的素材库提供，如图 5-28 所示。

（2）创建一个"出题"按钮，其动作如下。

① 单击"出题"按钮，询问"输入 a"，弹出输入对话框，在对话框中输入变量 a 的值，并且在界面上显示已输入的 a 值（a 的初始值显示为"？"）。

② 按"Enter"键确认后，询问"输入 b"，弹出输入对话框，在对话框中输入变量 b 的值，并且在界面上显示已输入的 b 值（b 的初始值显示为"？"）。

③ 按"Enter"键确认后，询问"输入 c"，弹出输入对话框，在对话框中输入变量 c 的值，并且在界面上显示已输入的 c 值（c 的初始值显示为"？"）；

④ 按"Enter"键确认后，根据一元二次方程组根的求解公式进行求解，界面上自动显示 x_1 和 x_2 的值；如果一元二次方程组无解，那么 x_1 和 x_2 的值显示"无解"（x_1 和 x_2 的初始值显示为"？"）。

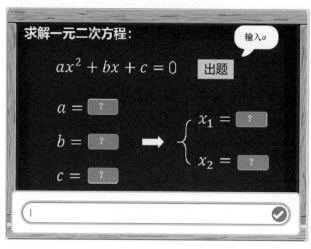

图 5-28　界面效果图

本案例和上一个案例一样，仍然可以按照以下 5 个步骤编写程序代码。

STEP❶　构思计算界面场景，写出界面元素分解表。

根据题目要求，将计算界面的元素分解，如表 5-2 所示。

表 5-2　界面元素分解表

对象类别	具体对象	声音	动作
背景原型	黑板背景	无	无
角色原型	按钮"出题"	无	依次询问输入 a、b、c 输入完成后显示答案 x_1、x_2

STEP❷　绘制背景原型、背景声音。

根据本书提供的背景素材，通过 Scratch 3.0 在本地上传并创建一个黑板背景，如图 5-29 和图 5-30 所示。

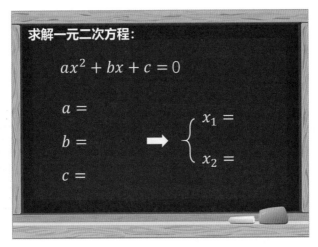

图 5-29　黑板背景图

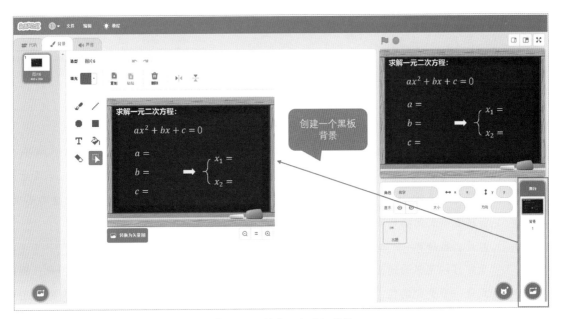

图 5-30　创建一个黑板背景

STEP 3　绘制角色原型、角色造型、角色声音。

本案例中只有一个"出题"按钮是有交互动作的，因此创建该按钮角色，如图 5-31 所示。

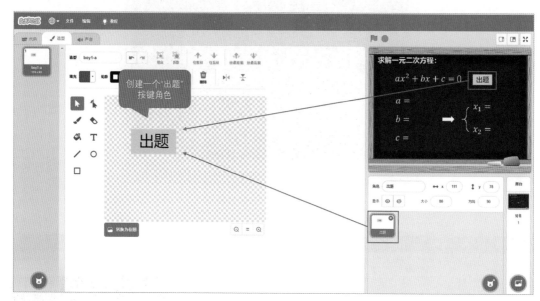

图 5-31　创建一个"出题"按钮角色

STEP 4　创建角色变量，设计程序流程图，编辑代码，调试程序。

在本案例一元二次方程组中可以变化的量有二次项系数 a，一次项系数 b，常数项 c，以及两个解 x_1 和 x_2，这 5 个值均为"变量"，初始时都是"？"，这说明这 5 个变量是字符串型变量。由于这 5 个变量还需要显示在舞台区，因此创建这 5 个变量并全部选中。当这 5 个变量计算显示为数值时，说明这些变量是数值型变量。

另外，在计算一元二次方程组时需要计算一个判别式（$b^2 - 4ac$），若判别式大于或等于零可以用根的通用公式进行求解，若判别式小于零时则直接显示无解。因此，判别式是一个变化的值，也可以创建一个"判别式"变量，用于程序计算求解判断，由于"判别式"变量无须显示在舞台界面，所以无须选中。

综上所述，一共需要创建 6 个变量，具体如图 5-32 所示。

变量创建好后，再根据题目要求，对"出题"按钮角色画出程序流程图，并找到相应的代码积木进行编程，如图 5-33 所示。

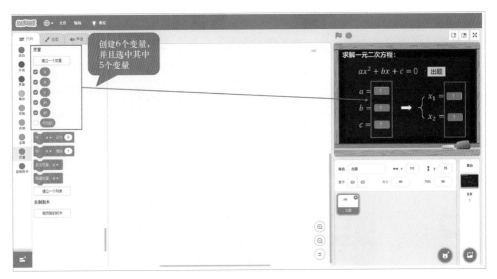

图 5-32　创建 6 个变量

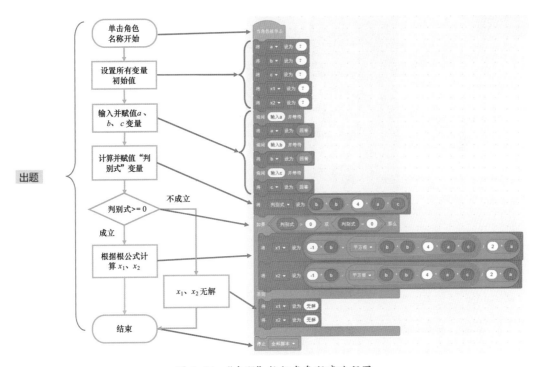

图 5-33　"出题"按钮角色程序流程图

上述的"出题"按钮角色代码很长，为了书写逻辑清晰、美观，可以对代码进行拆解改写。根据题目含义，每一次单击"出题"按钮角色时，均需要重置 a、b、c、x_1、x_2 5 个"变量"为"？"，后续代码输入变量和求解根的过程与前面重置变量同时发生，没有前后串联关系，因此认为这两个部分的代码互不干涉，可以拆解为两个部分。于是将上面的一长串代码拆解为两部分，一部分是"出题"按钮角色被单击时，自动重置这 5 个变量值为"？"；另一部分是"出题"按钮角色被单击时，开始进行 5 个变量的输入并进行一元二次方程组根的求解，具体如图 5-34 所示。

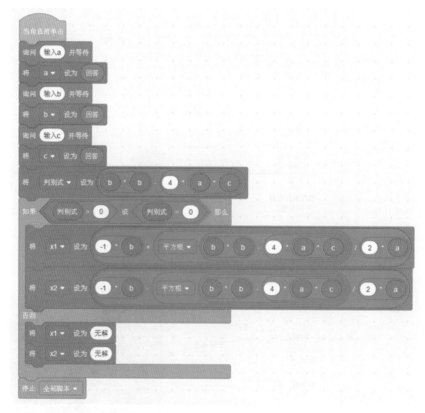

图 5-34 "出题"按钮角色拆解代码

最后，对已经编辑好的代码进行调试。表 5-3 中列出了一些一元二次方程组的示例及答案，同学们可以输入相关的数据验证自己的程序是否能够正确计算出答案，若完全正确，则说明程序调试成功。

表 5-3 一元二次方程组及答案

$x^2 + 2x + 3 = 0$ 无解	$x^2 - 6x + 9 = 0$ $x_1 = x_2 = 3$	$-x^2 - x + 12 = 0$ $x_1 = 3$ $x_2 = -4$
$x^2 - 64 = 0$ $x_1 = 8$ $x_2 = -8$	$3x^2 + 2x - 1 = 0$ $x_1 = \dfrac{1}{3}$ $x_2 = -1$	$x^2 - 2x - 3 = 0$ $x_1 = 3$ $x_2 = -1$

STEP 5 文件保存输出，完成计算界面制作。

与之前的案例一样，最后在 Scratch 3.0 软件的菜单栏中对调试好的文件进行保存输出，如图 5-35 所示。

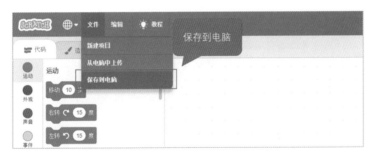

图 5-35 保存文件到电脑

课后思考题 求解二元一次方程组

本案例通过 Scratch 编写了一个计算一元二次方程的小程序，接下来的课后思考题，需要通过 Scratch 编写一个与本案例相似的小程序，目标是计算二元一次方程组的解，如图 5-36 所示。如果同学们没有学过二元一次方程组，在编写程序前可以请教老师或自己在网上查阅相关学习资料。

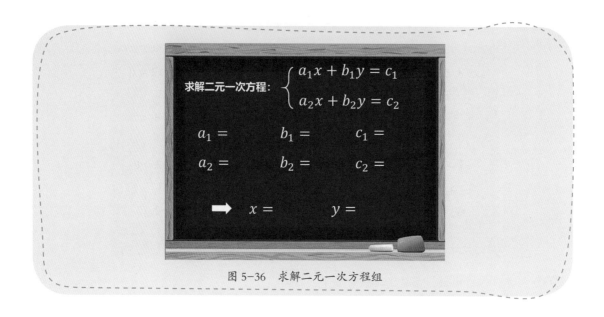

图 5-36　求解二元一次方程组

案例 3：制作计算器

最后学习一个简易数学计算器的制作案例。计算器是日常生活中最常见的，是一个通用的数学计算工具。最简单的计算器有 0~9 共 10 个数字按键，加、减、乘、除 4 个数学运算符，以及一个清零按键 C、一个等于按键和一个小数点按键，共 17 个按键，如图 5-37 所示。

本案例编程题目的要求如下。

【编程题】根据本书提供的素材库，制作一个简易计算器。

（1）创建 1 个灰色计算器背景，由本书的素材库提供，并在该背景图上用 Scratch 背景编辑器画一个橘色的细框（图 5-38），作为计算结果显示区。

（2）创建 17 个按键角色，由本书的素材库提供，动作分别如下。

图 5-37　简易计算器

①角色按键特效：单击某个按键，该按键的亮度设定为 30，并延时显示 0.2 秒，然后再清除特效。

②"0~9"按键：单击对应的数字按键角色，或者在键盘上按下对应的数字按键，显示按键特效，连续按下的两个数字为一个数，并在舞台区显示该值。

③"小数点"按键：单击"小数点"按键角色，显示按键特效，连接按下的两个数字为一个数，并在舞台区显示该值。

④"等于"按键：单击"等于"按键角色，显示按键特效，并按照不同的运算规则（加、减、乘、除）来计算结果，且该计算结果需要在舞台区显示。

⑤"加、减、乘、除"按键：单击"加、减、乘、除"按键角色，显示按键特效。

⑥"清除"按键：每一次重新计算，需要单击"清除"按键，且屏幕上的数值显示为空。

本案例与上一个案例一样，仍然可以按照以下 5 个步骤编写程序代码。

STEP ❶　　构思计算器界面场景，写出界面元素分解表。

根据题目要求，将计算器界面的元素分解，如表 5-4 所示。

表 5-4　界面元素分解表

对象类别	具体对象	声音	动作
背景原型	灰色背景	无	无
角色原型	0~9	无	按键特效； 显示按键数值； 连续按下的两个数字为一个数； 赋值数值型变量
	小数点	无	按键特效； 显示小数点； 连续按下的两个数字为一个数； 赋值数值型变量
	等于	无	按键特效； 按照对应计算逻辑计算并显示结果
	加、减、乘、除	无	按键特效； 赋值字符型运算符变量
	清除	无	按键特效； 所有变量赋值为空

STEP 2 绘制背景原型、背景声音。

本案例中提供了比较丰富的素材，同学们可以根据素材在背景区采用上传本地文件的方式创建计算器的背景，如图 5-38 所示。

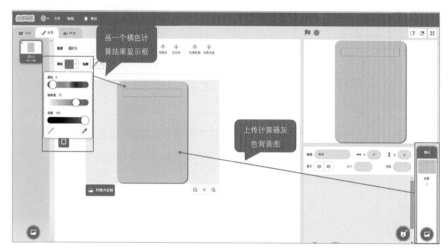

图 5-38　创建一个计算器背景

STEP 3 绘制角色原型、角色造型、角色声音。

本案例中有 17 个按键有交互动作，因此这 17 个按键作为角色来创建，根据本书提供的角色素材，可以直接上传角色创建这 17 个按键，如图 5-39 所示。

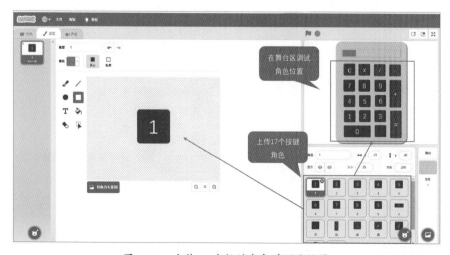

图 5-39　上传 17 个按键角色并调试位置

在 Scratch 3.0 的代码区中，有一个积木类别为自制积木，如图 5-40 所示。自制积木可以通过添加输入项来进行，输入项可以是数字或文本、布尔值、文本标签 3 种方式的组合，创建出的自制积木可以用于当前角色的代码。自制积木可以使一段被重复使用的积木代码在改写时变得简洁，即提高代码的复用性；还可以在修改代码错误时，分模块找到代码错误的位置，而不需要在全部代码中查找错误代码。

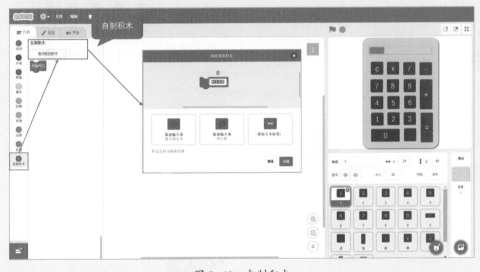

图 5-40　自制积木

STEP 4　创建角色变量，设计程序流程图，编辑代码，调试程序。

对于计算器来说，首先，要有显示当前按键的数值或运算符号，因此需要存储临时数值和临时运算符两个变量；其次，计算的结果要显示在计算器上，因此需要一个存储一个计算结果的变量，并且需要选中这个变量。

综上所述，一共需要创建 3 个变量"临时变量""运算符""答案"（选中），如图 5-41 所示，并且在创建这 3 个变量时需要它们适用于所有角色，如图 5-42 所示。

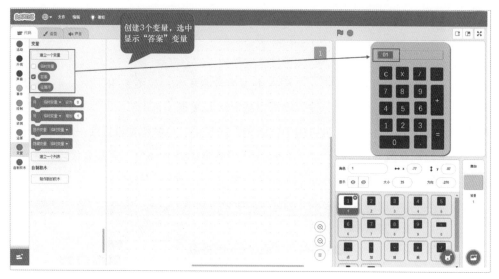

图 5-41　创建 3 个变量

图 5-42　新建的 3 个变量适用于所有角色

在本案例中共有 17 个角色，每个角色都需要进行代码编辑，由于部分角色的代码相似，因此将 17 个角色分为以下 4 个类别，同一个类别的角色代码相近。

① "0~9" 按键。

② "小数点" 按键。

③ "等于" 按键。

④ "加、减、乘、除" 按键。

⑤ "清除" 按键。

首先画出"0~9"按键角色的程序流程图并编写代码，具体如图 5-43 所示。

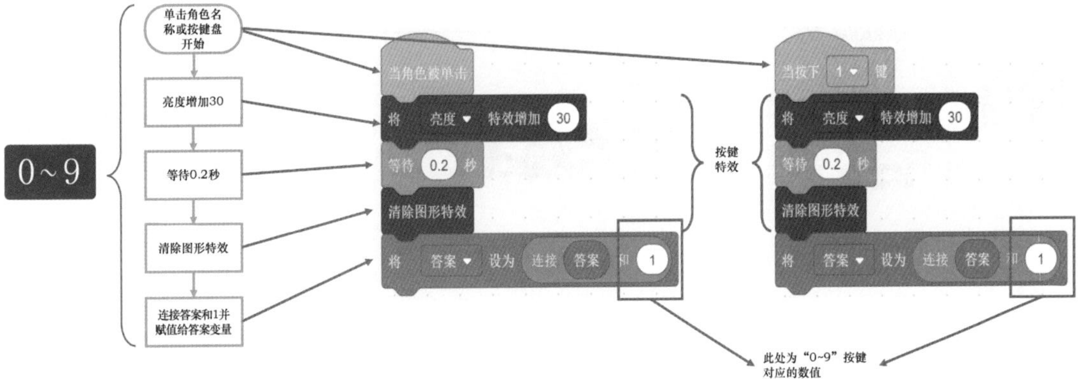

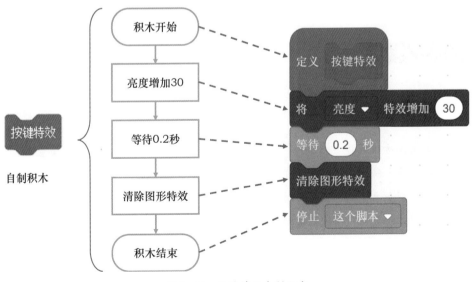

图 5-43　"0~9"按键角色程序流程图

从图 5-43 中可以发现，这两段代码中，有一部分代码是按键特效的代码，是完全相同的，在"0~9"按键角色中都存在这个按键特效代码。因此，为了使代码书写简洁和更好地维护代码，可以采用自制积木将按键特效的代码写成一个自制积木 [按键特效] 代替这一段代码，如图 5-44 所示。并且按键特效自制积木代码可以复制 0~9 所有角色代码，减少了代码书写，如图 5-45 和图 5-46 所示。

图 5-44　按键特效自制积木

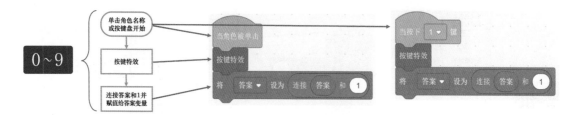

图 5-45　改写 "0~9" 按键角色程序流程图

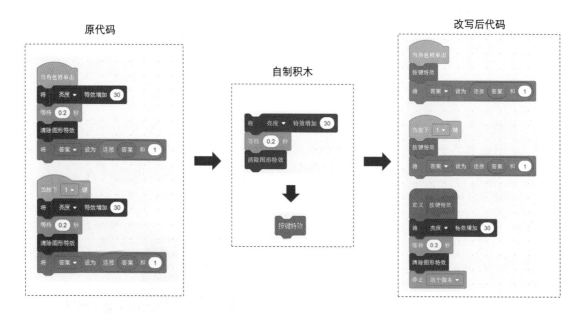

图 5-46　"0~9" 按键角色代码改成自制积木代码书写方式

接下来，按照题目要求编写 "小数点" 角色的代码，"小数点" 按键角色和 "0~9" 按键角色的代码相似，总体程序的流程图和代码如图 5-47 所示。同样可以使用 "按键特效" 自制积木，由于自制积木只属于该角色，因此需要将 "按键特效" 自制积木程序复制到 "小数点" 按键角色的代码编写区，具体如图 5-48 所示。

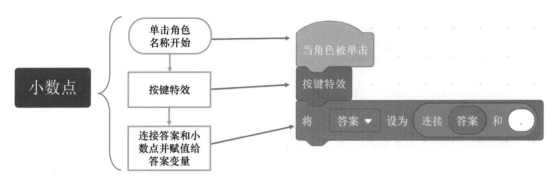

图 5-47　"小数点"按键角色程序流程图

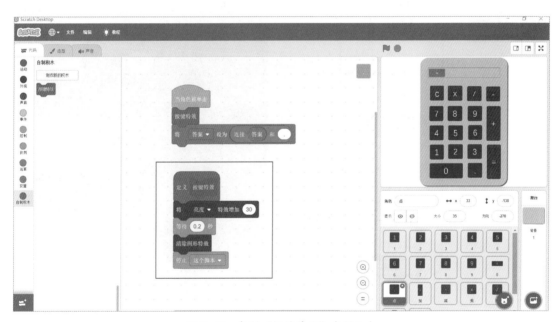

图 5-48　复制"按键特效"自制积木

　　然后，按照题目要求编写"等于"按键角色的代码，"等于"按键角色的代码执行要按照用户输入的数值和运算符来进行计算，并得到最终结果。因此，需要判断运算符是哪一种，并执行相应的计算逻辑，总体程序的流程图和代码如图 5-49 所示。

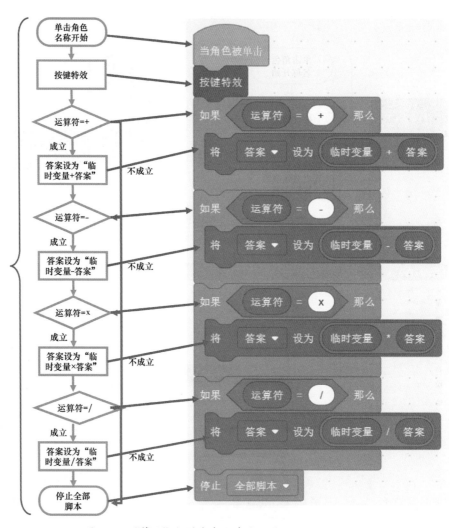

图 5-49 "等于"按键角色程序流程图

接下来，按照题目要求编写"加、减、乘、除"按键角色的代码，"加、减、乘、除"按键角色代表的是一个运算符，即每个按键对应不同的运算逻辑，用户单击"加、减、乘、除"按键角色后，需要在单击"等于"按键时，给出正确的运算逻辑。因此，在"加、减、乘、除"按键角色的代码中需要赋值一个运算符号，如将"运算符设为 +"，此处的赋值"+"需要和之前的"等于"按键角色的判断值相同。在开始计算时，首先需要将数值型的"临时变量"设定为"答案"变量，并将"答案"变量设为空值，这样可以保证每次的计算都是重新开始的，不会出错。总体程序的流程图和代码如图 5-50 所示。

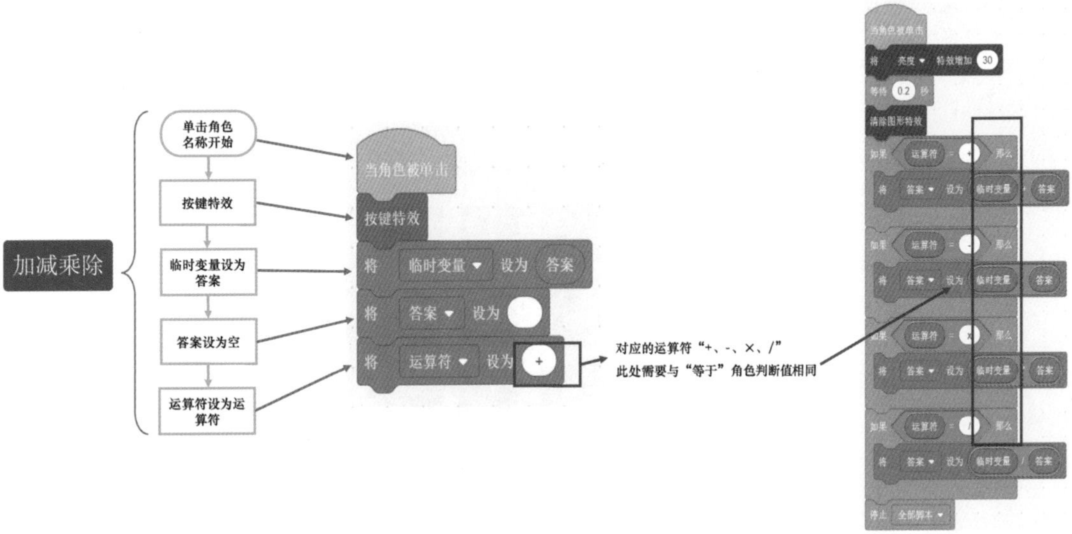

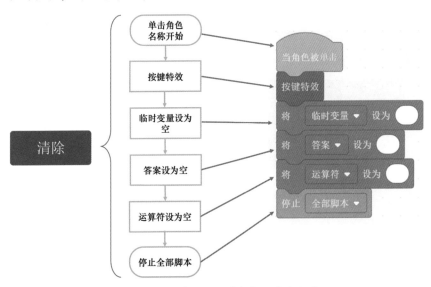

图 5-50　"加、减、乘、除"按键角色程序流程图

最后，按照题目要求编写"清除"按键角色的代码，清除按键可以使所有的变量初始值为空值，因此总体程序的流程图和代码如图 5-51 所示。

图 5-51　"清除"按键角色程序流程图

下面对已经编辑好的代码进行调试，若计算结果正确，且对计算器的操作符合题目要求，则说明代码编写正确，如图5-52所示。

图5-52 计算器代码调试

STEP 5 文件保存输出，完成计算器界面制作。

与之前的案例一样，最后在Scratch 3.0软件的菜单栏对调试好的文件进行保存输出，如图5-53所示。

图5-53 保存文件到电脑

 更改计算器的显示方式

本案例中，计算器的答案采用 Scratch 中的变量显示，并且靠显示器的左侧显示，但是日常生活中看到的计算器的答案都是靠右侧显示的。同学们可以思考一下，重新编写一个计算器程序，不采用 Scratch 中的变量显示方式，让计算器的答案靠右侧显示，具体如图 5-54 所示。

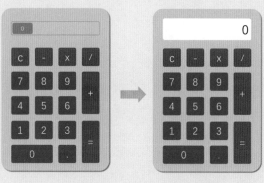

图 5-54 计算器显示器示意图

5.5 本章小结

本章通过 3 个案例介绍了数学编程的 5 个基本步骤，如图 5-55 所示。观察数学编程的步骤，可以发现它与之前的动画制作、游戏设计有很多相同之处。其中最主要的区别是数学编程会存在大量的变量，因此在程序设计时需要明确有哪些变量，并且哪些是所有角色的变量，哪些只是某个角色的变量，这些变量是否需要显示在舞台区，以及它们是什么类型的变量。

1. 构思场景	构思计算界面场景，进行界面元素分解。
2. 背景制作	绘制背景原型、背景声音。
3. 角色制作	绘制角色原型、角色造型、角色声音。
4. 代码设计	创建变量，设计程序流程图，编辑代码，调试程序。
5. 文件输出	文件保存输出，完成计算器界面制作。

图 5-55 数学编程的 5 个步骤

第6章

Scratch 3.0 硬件编程

6.1 什么是硬件编程

硬件编程又称为实物化编程，是一种创新的编程方式，它把计算机中的代码制作成实物编程模块，让学生在计算机上学习编程，就像"搭积木"一样简单，然后通过编程软件来控制硬件的行为，让软硬件结合，更加直观地看到编程的效果。

由于成人学习的编程语言大部分是一行行的英文代码，学习编程的过程比较枯燥无味，很难引起中小学生的兴趣，大大降低了他们学习编程语言的积极性。因此，Scratch 与几家玩具硬件公司合作，制作出了实物化编程模块，除了有精美的界面外，还有一些传感器交互供学生在娱乐中学习。

6.2 Scratch 3.0 配套硬件介绍

Scratch 3.0 比 Scratch 2.0 兼容更多的扩展硬件，允许学生对物理设备进行编程。截至 2019 年 5 月，Scratch 3.0 在线版本支持 6 种硬件（图 6-1），Scratch 3.0 离线版本支持 4 种硬件，其中包括常见的乐高 EV3 和 Wedo2.0 套件，下面给大家介绍几款硬件模块。

图 6-1　Scratch 3.0 在线版支持的硬件

6.2.1 乐高 EV3 套件

乐高头脑风暴教育 EV3 套件（LEGO MINDSTORMS Education EV3）是一套跨课程的 STEM(科学、技术、工程和数字教育）解决方案，也是一款带有马达和传感器的发明套件，可以用它来制作交互式机器人产品，具体包含 1 个分拣托盘、3 台伺服电机、5 个传感器（1 个陀螺仪传感器、1 个超声

波传感器、1 个彩色传感器和 2 个触摸传感器），如图 6-2 所示。EV3 充电可用直流电池（带充电
电缆），也可直接连接电源。EV3 核心套件还附带课程
包，包括 48 个教程，可以帮助学生学习 EV3 的基础
知识。目前乐高 EV3 套件在网上的售价为 411.95 美元，
价格较为昂贵，一个套件可以支持两个学生共用，有
兴趣的同学可以去乐高的官方网站上购买。

图 6-2　乐高 EV3 套件

6.2.2　WeDo 2.0 套件

WeDo 2.0 套件包括实物建筑积木块、中型电机、运动传感器、倾斜传感器等。其中实物建
筑积木块有 280 个，它们是一种基于电子系统的建筑实物积木块。WeDo 2.0 套件是 LEGO Power
Functions（LPF，乐高教育的新技术平台）2.0 的一部分，它内置蓝牙低功耗，可无线连接到控制
软件或 App；采用电池电源，可以用两节 AA 电池或可充电电池组供电；有两个 I / O 端口，用于
连接外部电机；有一个内置的 RGB 显示屏，可以显示由软件 / 应用程序控制的 10 种不同的颜色。
中型电机可以编程为顺时针和逆时针，并以不同的功率水平移动。运动传感器除可以根据物体的

设计检测 15 厘米范围内的物体外，还可以用
作距离检测器，检测物体是近距离还是远距离。
WeDo 2.0 套件附带课程包，适合 2~4 年级的学
生学习，如图 6-3 所示。目前乐高 WeDo 2.0
套件在网上的售价是 197.95 美元，价格比 EV3
套件便宜一半多，一个套件也是可以支持两个
学生共用，有兴趣的同学可以去乐高的官方网
站上购买。

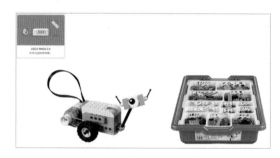

图 6-3　乐高 WeDo 2.0 套件

以上只是简单地介绍了乐高公司的两款配合 Scratch 3.0 的编程硬件，接下来 Scratch 开发团队
还会与硬件公司一起开发出更多的扩展硬件。

6.3　本章小结

本章介绍了硬件编程的概念，以及当前 Scratch 3.0 在线版和离线版支持的几种编程硬件。

第7章

Scratch 在线学习网站

7.1 Scratch 官方社区

登录 Scratch 官方社区（https://Scratch.mit.edu/），可以找到 Scratch 3.0 的最新版本，如图 7-1 所示。

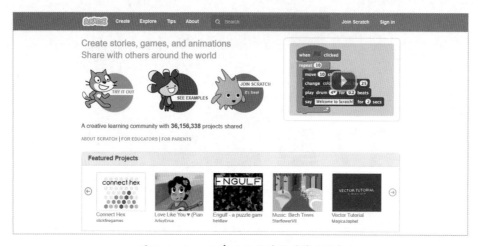

图 7-1　Scratch 官方社区首页（英文版）

如果打开官网看到的是英文界面，可以在首页的最下方找到语言切换按钮，在图 7-2 所示的红色框中，把"English"换成"简体中文"，整个页面就转换为中文了。

图 7-2　Scratch 官方社区首页更改语言

在 Scratch 官网首页上，有很多用户上传的动画、游戏等系列作品，在作品上单击，就可以调用 Scratch 3.0 在线版本，查看其他用户作品的代码，并且可以下载。如果想将自己的作品上传到 Scratch 官网上，首先需要创建一个社区账号，可以在首页的右上角单击"加入 Scratch 社区"按钮，如图 7-3 所示，就可以创建一个属于自己的 Scratch 账号。

图 7-3　Scratch 官方社区首页（中文版）

下面按照 4 个步骤创建一个新用户账号。

1. 创建一个 Scratch 用户名和密码

用户名只能用字母和数字组合，并且不能与其他人已创建的用户名重复，密码要 6 位以上的字母和数字组合，且需要重复填写一次，如图 7-4 所示。

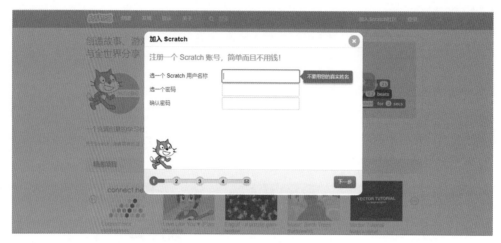

图 7-4　填写用户名和密码

2．填写个人的基本信息

个人基本信息包含出生年月、性别和国家，如图 7-5 所示。

图 7-5　填写基本信息

3．填写电子信箱地址

电子信箱地址可以填写父母的，也可以使用自己的，如果没有信箱，可以申请一个信箱，不会申请信箱的同学可以找父母或老师帮忙，信箱地址要填写两遍，如图 7-6 所示。

图 7-6　填写信箱

4. 去电子信箱验证

打开信箱，找到标题为 "Please confirm the email address for idatame on Scratch!" 的电子邮件，打开邮件后单击 "验证我的信箱" 按钮，如果是自己的信箱，可以按照上述步骤进行验证。验证完成后自动跳转到 Scratch 社区欢迎页面，并且在页面右上角单击 "登入" 按钮，然后填写用户名称和密码进行登录，如图 7-7~ 图 7-9 所示。

图 7-7　完成注册操作步骤

图 7-8 进入电子信箱验证

图 7-9 自动跳转到 Scratch 社区欢迎页面

至此，完成了在线注册的所有步骤，注册一个 Scratch 账号是为了将写好的文件上传到网上进行分享。

其他编程学习网站

　　目前市面上有较多少儿编程学习网站，给大家介绍其中一个比较好的在线学习网站（http://
www.turtleedu.com/），本书相关的视频学习资料也已经放在该网站上，大家可以在网站上注册账号，
注册成功后，在课程中心可找到视频教程，配合视频学习和在线练习可以更好地掌握本书的内容。